产品设计（第二版）

桂元龙　杨　淳　编著

中国轻工业出版社

图书在版编目（CIP）数据

产品设计 / 桂元龙，杨淳编著．—2版．—北京：中国轻工业出版社，2025.2

ISBN 978-7-5184-3028-4

Ⅰ．①产… Ⅱ．①桂… ②杨… Ⅲ．①产品设计—教材 Ⅳ．①TB472

中国版本图书馆CIP数据核字（2020）第093590号

责任编辑：毛旭林　　责任终审：张乃柬　　整体设计：锋尚设计

策划编辑：毛旭林　　责任校对：方　敏　　责任监印：张　可

出版发行：中国轻工业出版社（北京鲁谷东街5号，邮编：100040）

印　　刷：艺堂印刷（天津）有限公司

经　　销：各地新华书店

版　　次：2025年2月第2版第5次印刷

开　　本：870×1140　1/16　印张：9

字　　数：200千字

书　　号：ISBN 978-7-5184-3028-4　定价：58.00元

邮购电话：010-85119873

发行电话：010-85119832　010-85119912

网　　址：http://www.chlip.com.cn

Email：club@chlip.com.cn

250170J2C205ZBW

序一
PROLOG 1

中国的艺术设计教育起步于 20 世纪 50 年代，改革开放以后，特别是 90 年代进入一个高速发展的阶段。由于学科历史短，基础弱，艺术设计的教学方法与课程体系受苏联美术教育模式与欧美国家 20 世纪初形成的课程模式影响，呈现专业划分过细，实践教学比重过低的状态，在培养学生的综合能力、实践能力、创新能力等方面出现较多问题。

随着经济和文化的大发展，社会对于艺术设计专业人才的需求量越来越大，市场对艺术设计人才教育质量的要求也越来越高。为了应对这种变化，教育部将“艺术设计”由原来的二级学科调整为“设计学”一级学科，既体现了对设计教育的重视，也体现了把设计教育和国家经济的发展密切联系在一起。因此教育部高等学校设计学类专业教学指导委员会也在这方面做了很多工作，其中重要的一项就是支持教材建设工作。此次由林家阳教授担纲的这套教材，在整合教学资源、结合人才培养方案，强调应用型教育教学模式、开展实践和创新教学，结合市场需求、创新人才培养模式等方面做了大量的研究和探索；从专业方向的全面性和重点性、课程对应的精准度和宽泛性、作者选择的代表性和引领性、体例构建的合理性和创新性、图文比例的统一性和多样性等各个层面都做了科学适度、详细周全的布置，可以说是近年来高等院校艺术设计专业教材建设的力作。

设计是一门实用艺术，检验设计教育的标准是培养出来的艺术设计专业人才是否既具备深厚的艺术造诣、实践能力，同时又有优秀的艺术创造力和想象力，这也正是本套教材出版的目的。我相信本套教材能对学生们奠定学科基础知识、确立专业发展方向、树立专业价值观念产生最深远的影响，帮助他们在以后的专业道路上走得更长远，为中国未来的设计教育和设计专业的发展注入正能量。

教育部高等学校设计学类专业教学指导委员会原主任
中国艺术研究院　教授 / 博导　谭平

序二

PROLOG 2

办学，能否培养出有用的设计人才，能否为社会输送优秀的设计人才，取决于三个方面的因素：首先是要有先进、开放、创新的办学理念和办学思想；其二是要有一批具有崇高志向、远大理想和坚实的知识基础，并兼具毅力和决心的学子；最重要的是我们要有一大批实践经验丰富、专业阅历深厚、理论和实践并举、富有责任心的教师，只有老师有用，才能培养有用的学生。

除了以上三个因素之外，还有一点也非常关键，不可忽略的，我们还要有连接师生、连接教学的纽带——兼具知识性和实践性的课程教材。课程是学生获取知识能力的宝库，而教材既是课程教学的“魔杖”，也是理论和实践教学的“词典”。“魔杖”通过得当的方法传授知识，让获得知识的学生产生无穷的智慧，使学生成为文化创意产业的有生力量。这就要求教材本身具有创新意识。本套教材从设计理论、设计基础、视觉设计、产品设计、环境艺术、工艺美术、数字媒体和动画设计等八个方面设置的 50 本系列教材，在遵循各自专业教学规律的基础上做了不同程度的探索和创新。我们也希望在有限的纸质媒体基础上做好知识的扩充和延伸，通过本套教材中的案例欣赏、参考书目和网站资料等，起到一部专业设计“词典”的作用。

我们约请了国内外大师级的学者顾问团队、国内具有影响力的学术专家团队和国内具有代表性的各类院校领导和骨干教师组成的编委团队。他们中有很多人已经为本系列教材的诞生提出了很多具有建设性的意见，并给予了很多有益的指导。我相信以我们所具有的国际化教育视野以及我们对中国设计教育的责任感，能让我们充分运用这一套一流的教材，为培养中国未来的设计师奠定良好的基础。

教育部高等学校设计学类专业教学指导委员会副主任

教育部职业院校艺术设计类专业教学指导委员会原主任

同济大学　教授 / 博导　林家阳

第二版前言

FOREWORD

党的“二十大”报告强调教育、科技、人才是全面建设社会主义现代化国家的基础性、战略性支撑，要求创新创业教育要强化国家战略科技力量，形成具有全球竞争力的开放创新生态，要以实体经济振兴为重点，以增进民生福祉，提高人民生活品质为价值追求。这为我们的设计创新教育提供了方向指引和核心目标。

关注民生需求，打通产业链要素，培养学生接地气的设计创新能力，用设计作品增添实体经济活力，满足人民对生活品质提升的需求，是我国职业教育产品艺术设计（工业设计）专业人才培养的根本目标。而“产品设计”作为本专业的核心课程，则肩负着落实产教融合、教学改革，打通人才培养与市场需求“最后一公里”的重任。

作为新版立体化教材，本书在修订前充分听取了各兄弟院校一线教师对《产品设计》第一版教材自2013年发行以来，在使用过程中的意见反馈，并结合“三教改革”的最新要求和当下产教融合发展的最新动态，做了以下四方面的调整和提升：首先是校企合作，与国家级工业设计中心企业、国家高新技术企业、中国工业设计十佳设计公司——东方麦田公司深度合作，直接以其相关实战项目为示范案例，完整呈现真实项目的实施过程和详细内容。同时将当下中国活跃设计企业的成功案例大量引进教材，增强教材的实战指导作用。其次是编写中注重产教融合的课程落地，将广东轻工职业技术学院艺术设计学院开展“工学商”项目制课程教学改革的经验融合到教材中。其三是体现教学内容的模块化特点，如在第二章一体化设计与实训部分，特别设定了“生活用品设计”“儿童用品设计”和“IT产品设计”三个可选项目，方便不同院校结合实际教学进度及资源情况灵活选用。其四是实现立体化教学资源建设，作为同名国家级精品课程和精品资源共享课程“产品设计”的配套立体化教材，本教材可通过扫码，以PPT、PDF、视频、网络链接等多种方式获取设计企业相关案例及网络课程资源等，能充分满足教学需要。

本书由双师型教师桂元龙教授和杨淳教授共同编著。主讲教师桂元龙教授有着近30年的产品设计实践和产品设计教学经验，获得“中国工业设计十佳教育工作者”“广东十大工业设计师”等荣誉称号，负责本书第一、三章共10万余字的内容。杨淳教授是国内首批认定的高级工业设计师，迄今已有20年工业设计教学经历，实践与教学经验丰富，负责本书第二章16万余字的内容。

本书校企合作、产教融合、项目制教学特色鲜明，模块化结构可选择性强，立体化资源能最大限度满足教学需求；内容精练适度，知识点精简实用；全书收录了近600幅真彩作品图片，实例精彩生动，教学参考性强。

编著者

课时安排

（参考课时：124）

<table>
<tr><th>章节</th><th>课程内容</th><th colspan="2">课时</th></tr>
<tr><td rowspan="3">第一章
概念与原则
（8 课时）</td><td>一、产品设计的基本概念</td><td>1</td><td rowspan="3">8</td></tr>
<tr><td>二、产品设计的程序、方法与原则</td><td>6</td></tr>
<tr><td>三、产品设计的沿革和发展</td><td>1</td></tr>
<tr><td rowspan="15">第二章
设计与实训
（96 课时）</td><td>一、项目范例一：生活用品设计</td><td></td><td></td></tr>
<tr><td>1. 项目要求</td><td rowspan="2">2</td><td rowspan="4">96</td></tr>
<tr><td>2. 设计案例</td></tr>
<tr><td>3. 知识点</td><td>4</td></tr>
<tr><td>4. 实战程序</td><td>90</td></tr>
<tr><td>二、项目范例二：儿童用品设计</td><td></td><td></td></tr>
<tr><td>1. 项目要求</td><td rowspan="2">2</td><td rowspan="4">6</td></tr>
<tr><td>2. 设计案例</td></tr>
<tr><td>3. 知识点</td><td>4</td></tr>
<tr><td>4. 实战程序</td><td>/</td></tr>
<tr><td>三、项目范例三：IT 产品设计</td><td></td><td></td></tr>
<tr><td>1. 项目要求</td><td rowspan="2">2</td><td rowspan="4">6</td></tr>
<tr><td>2. 设计案例</td></tr>
<tr><td>3. 知识点</td><td>4</td></tr>
<tr><td>4. 实战程序</td><td>/</td></tr>
<tr><td rowspan="2">第三章
欣赏与分析
（8 课时）</td><td>一、国内外经典作品</td><td>4</td><td rowspan="2">8</td></tr>
<tr><td>二、国内外学生优秀作品</td><td>4</td></tr>
</table>

目录
CONTENTS

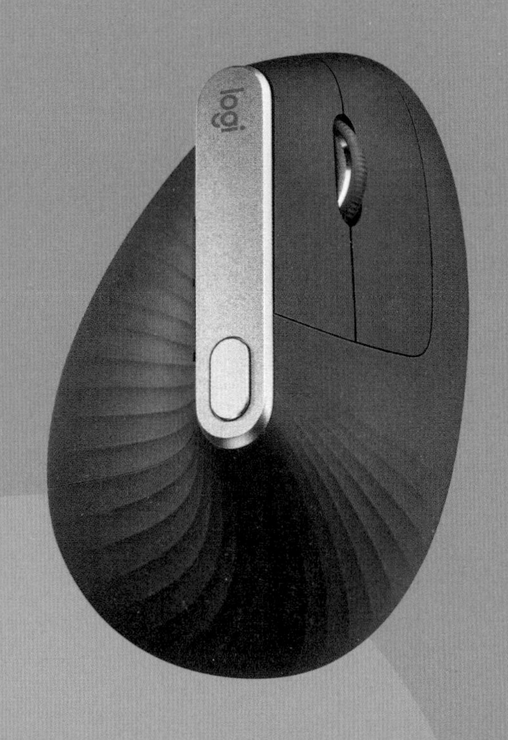

第一章

概念与原则

■ 中国的产品艺术设计（工业设计）伴随着改革开放40多年的发展，在“中国制造”向“中国创造”转型升级的过程中，迫切需要结合当下的产业实践，探寻自身特色的发展道路，来促进创新成果的落地转化，服务中国原创设计的成长。

本章结合目前企业的运行实况和高校的教学需求，内容包括：产品设计的基本概念、程序方法与原则、沿革背景。重点介绍了产品的类型划分和产品开发设计类型及其特征。难点是设计程序按“概念设计——造型设计——工程设计”三大步骤展开的三段式划分。

第一节　产品设计的基本概念

一、设计及其基本分类

设计是人们在正式做某项工作之前，根据一定的目的要求，预先制定出来的方案或图样。设计是一种创造性的活动，是人类在长期发展过程中，探索形成人与自然、社会之间和谐关系的智慧结晶。

在艺术设计的门类中，依据设计工作在处理人与自然以及社会三者关系中的不同作用，通常将处理人与自然之间关系的设计工作归于产品设计的范畴，将处理人与社会之间关系的设计工作归于信息传达设计的范畴，而将处理社会与自然之间关系的设计工作归于环境设计的范畴（如图1-1）。

随着科学技术的飞速发展，多媒体手段的广泛应用，资讯不断丰富，其获取手段日益简便，设计工作的侧重点与作业方式都产生了新的变化，不同设计专业之间的关系面临着重新整合，跨学科的协作关系也正在逐步走向融合。

二、产品设计及其构成要素

就传统意义上的物质性产品而言，产品设计是一种依据产业状况，赋予制造物品适切特征的创造性活动；也指设计师结合所处时代的产业背景，把一种计划、设想、问题的解决方案，通过物质的载体，以恰当的形式呈现出来。“产业状况”是一个变量，不同的时代有不同的产业背景，当下我们所处时代的产业背景与工业革命时期的产业背景就有天壤之别。“适切特征”一是指设计出来的产品要与时代产业背景相适应，能体现时代科技水平和工艺技术能力；二是指设计出来的产品要吻合当代消费者的审美趣味和满足生活水准的需求。“创造性活动”是指产品设计的基本属性和特点，设计工作不是简单的重复，要体现创造性。

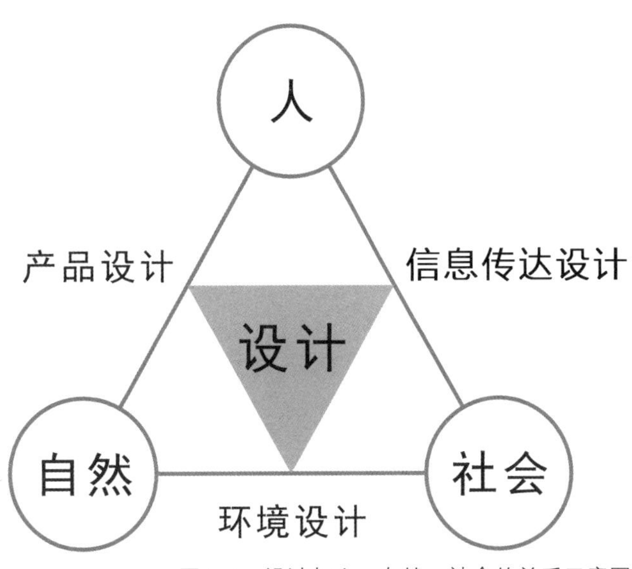

图1-1　设计与人、自然、社会的关系示意图

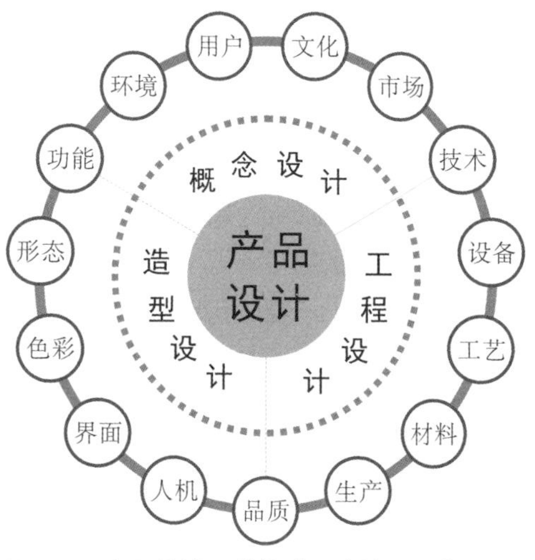

图1-2　产品设计及其构成要素关系示意图

产品设计的范围非常宽广，大到飞机、汽车、轮船等交通工具以及工程器械如挖掘机、推土机等，中到家居生活用品中的桌椅、家电，小到个人用品中的首饰、手机、眼镜等内容，几乎涵盖所有物质性人造物品。而从整体流程上讲，产品设计包含概念设计、造型设计、工程设计三大组成部分（如图1-2）。

概念是对一个产品的设计目标、功能以及特征的描述。概念设计是产品设计的初始，概念设计的质量直接决定产品的成败。一个好概念或许被执行成一个差产品，但是，一个差概念不可能设计成一个好产品。支撑概念设计的要素是：市场研究、生活文化研究、用户体验研究、使用环境研究和产品的功能规划等内容。

造型设计是对产品的形态、材料、结构、色彩、肌理等进行美的加工，利用科学性和艺术性来处理这些造型要素，让其得到完美的产品造型。支撑造型设计的要素是：功能设计、形态设计、色彩规划、界面设计和人机关系考量等内容。

工程设计是为产品生产加工而进行的工程技术方面的设计工作。支撑工程设计的要素是：技术实力、设备与工装、加工工艺、材料应用、生产制造以及品质控制等内容。

三、产品的分类及其特征

基于不同的需要，对产品的类型有多种划分方法。在这里，我们打破惯常按行业分类的做法，依据产品设计的主要作业要点，结合产品的内在功能属性与产品外在形态的感性认知特征来进行分类。依据产品在物质功能和精神功能这两者之间侧重点的不同，可以将产品概括为三种类型：功能型产品、风格型产品和身份型产品。

1. 功能型产品

功能型产品也称实用型产品，顾名思义这类产品以强调使用功能为主，设计的着眼点是结构的合理性，重在功能的完善和优化，外观造型依附于功能特征实现的基础之上，不过分追求形式感，表现出偏向理性和结构外露的特点。各种工具、功能简易的产品、机器设备和零部件等基本上都属于这一类型，例如FISKARS园艺剪刀（如图1-3）。

2. 风格型产品

风格型产品又称情感型产品，这类型产品除了具备一定的功能外，更追求造型和外观的个性化，强调与众不同的造型款式和独具特色的艺术风格。在个人消费品、娱乐和时尚类产品中表现得尤其突出，例如马克·纽森设计的Horizon Ikepod Watch（如图1-4）。

3. 身份型产品

身份型产品又称象征型产品，这类型产品与前两者不同的地方是更凸显精神的象征性，消费者以拥有它而感到自豪和满足，别人亦因产品而对主人的身份和地位产生某种认同和肯定。高端专用物品、超豪华的生活用品、奢侈品和高端品牌定位下的各种产品都具有身份象征的作用。例如Ferrari 812 Superfast（如图1-5）。

当然，这种分类并不是绝对的，要特别强调的是，并不是功能性产品就不讲究造型，而风格型产品和身份型产品就无视功能的需要。随着设计师对材料工艺的恰当处理、造型款式和精神象征意义方面的精彩表现，功能型产品也可以转变为风格型产品或身份型产品，例如著名设计师菲利普·斯塔克（Philippe Starck）设计的外星人榨汁机（如图1-6）。

图1-3　宋哥窑青釉碗、榫卯木筷子/ 中国

图1-4　Horizon Ikepod Watch / 马克·纽森 / 澳大利亚

图1-5 Ferrari 812 Superfast / 法拉利 / 意大利

图1-6 外星人榨汁机

第二节 产品设计的程序、方法与原则

产品开发设计工作基于不同的目的，在不同的主导因素作用下，会呈现出不同的特征。虽然开展的程序与方法相似，但工作的侧重点与所遵循的原则却并不一样。本章在进行系统性知识介绍的同时，注重结合当下我国工业设计的运行实践，进行有针对性的关联处理。

一、产品开发设计的基本类型及其特征

虽然企业产品开发设计的方式有很多，不同的企业存在做法上的区别，但按照产品开发过程的主导因素来分，产品开发设计可分为：需求驱动型、技术驱动型和竞争驱动型三种类型。

1. 需求驱动型

需求驱动型产品开发设计是基于特定消费群体的精神及物质需求的满足而展开的创新性设计活动。其核心是消费者需求的研究及创新解决方案的形成与确定。由于是开创性的工作，企业在商业分析、消费者测试以及市场测试等环节都要投入比较大的人力物力，开发周期也可能比较长。成功案例有1978年日本索尼公司出品的Walkman卡式便携录音机（如图1-7），这个全新的小型电子产品，既可收音又可播放磁带，出发点是便于放在口袋里或别在皮带上使用，通过微型录音机的电声技术及便携的结构满足音乐随身听的需求。又如荷兰代尔夫特设计学院的学生，利用空气动力学原理设计的这款Senz雨伞，可解决雨伞被大风吹变形淋湿衣裤的问题，可以接受9级台风的考验。这个设计满足了人们在大风雨中使用雨伞并自由行动的需求（如图1-8）。

图1-7　卡式便携录音机

2. 技术驱动型

技术驱动型产品开发设计是基于技术的更新与进步而进行的产品创新设计活动。其核心是技术的商品化应用设计。从新技术的诞生到批量生产应用有一个过程，在产品可行性分析、商业分析、原理设计以及生产测试环节会消耗大量人力物力，故产品开发周期会随技术的成熟度而长短不一。产品一旦稳定成型，一般都会有很好的市场预期，每次新技术产品一出现，旧技术产品就迅速被淘汰，往往有颠覆性效果的出现。成功案例如光盘、U盘的出现使磁盘成为过去；MP3、MP4等个人随身听产品的出现，以体量小、可更新、储存空间大等优势迅速占领时尚阵地，将曾经风靡全球的Walkman和Disman产品放进了历史的博物馆；智能手机运用多点触控等一系列新的技术，推动了手机功能的升级革命，改变了手机的形象，改写了手机的定义，开启了移动端智能应用的新时代，传统手机和傻瓜照相机被迫退出了历史的舞台（如图1-9）；物联网与无人驾驶技术的应用，将改变传统汽车以驾驶者为中心的设计理念和内部空间结构，解放了驾驶人员，释放出更多的可用空间，让乘客可获得更好的乘坐体验，感受科技带来的可能性与新享受（如图1-10）。

3. 竞争驱动型

竞争驱动型产品开发设计，是基于市场竞争的需要在现有商品的基础上展开的针对性设计活动。一般体现在产品功能的优化与增加、材料的改变与性能提升、形态与款式的美化、面向消费群体的产品细分以及差异化设计等方面。其核心是市场的区隔、定位与产品的对应设计。因为是在现有商品的基础上展开的针对性设计，一般开发周期相对较短。成功案例是市面上大量出现的跟进型产品。这里有微软、苹果和罗技的三款鼠标，微软Arc Touch无线鼠标靠结构上的创新来实现超薄与变形从而

图1-8　Senz雨伞 / Gerwin Hoogendoorn / 荷兰

图1-9 iphone1 / APPLE

图1-10 无人驾驶汽车

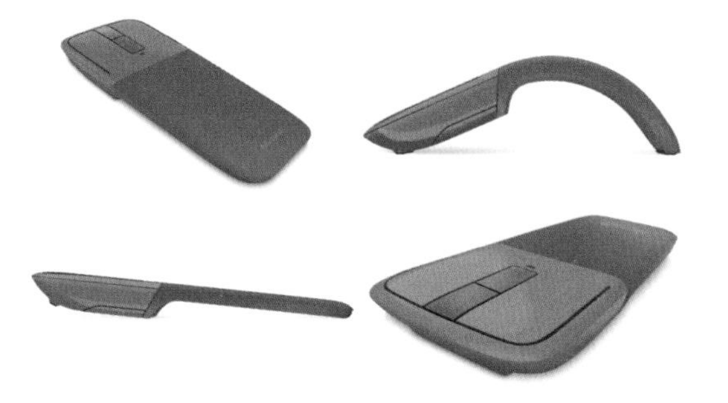
图1-11 Arc Touch Mouse / MICROSOFT

图1-12 Magic Mouse 2 / APPLE

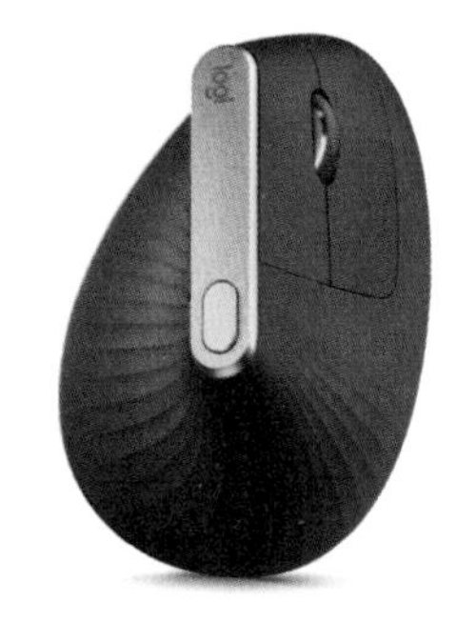
图1-13 MX Vertical Mouse / LOGITECH

改善手感（如图1-11）；苹果Magic Mouse 2凭借简约精致的一体化外观及出色的灵敏度赢得用户青睐（如图1-12）；罗技的MX Vertical鼠标从人机工学的角度进行形态的设计，手以57度的角度握在鼠标上，保持了手的自然姿势，减少了手腕和前臂区域的肌肉压力，避免了对健康的损害，舒适的人机交互界面特别适合经常使用的用户（如图1-13）。

二、产品设计的程序与方法

就一般情况而言，无论是哪种类型的产品，也不管它被何种主导因素所驱动，一件产品被创造出来都会遵循一个基本相似的工作路径和大致相同的步骤，这就是产品设计的程序。而在这个过程中被大多数设计师所普遍采用，相对行之有效的一些工作方法就被称之为产品设计的方法。

1. 产品设计的程序

产品设计的程序分为三大步：概念设计——造型设计——工程设计。

“概念设计”是开展产品设计工作的第一步，是整个产品设计工作的出发点与目的地。产品概念是对产品设计目标的界定，它是一项比较复杂而又十分重要的工作，它建立在对消费者研究、市场调研分析、使用环境和使用状态研究以及技术条件分析的基础上，提出的针对主要问题解决方案的概要性描述。

“造型设计”是在“概念设计”的指导下，设计师依据自身的理解，将脑海里的奇思妙想进行具体化的过程。一般通过草图、效果图或者模型等设计语言，将预想产品的相关功能、结构、尺度、形态、材质、表面处理以及色彩效果等内容形象、直观地表达出来。

“工程设计”是在“造型设计”之后，围绕着产品能够被实现和优化而展开的一系列深入细致的工程技术方面的设计工作。工程设计工作的完成意味着一件产品的设计工作基本结束。它是产品设计工作中必不可少的一环，可能会涉及机械结构、材料技术、加工工艺、电子控制等多方面的内容，要求设计师与工程师协同作战。

关于设计程序的介绍，因为站在不同的角度存在着多个不同的版本，这里分别对照“一般企业的新产品开发设计流程”和“教学中运行的产品设计程序”两个比较有代表性的程序进行说明。

从表1-1可见，在“一般企业的新产品开发设计流程”中，包括“产品规划——产品设计——工程设计——制造与销售”四个大的环节。众所周知企业经营以赢利为目的，不同的企业有着不同的经营理念和经营策略，也就会有不同的“产品规划”策略和思路，产品规划在一定程度上左右着概念设计的方向，并制约概念设计工作的质量；核心部分“产品设计”和“工程设计”的作用不言自明；企业运行过程中的产品规划、产品设计和工程设计的内容基本上与“概念设计、造型设计和工程设计”的内容相对应，而“制造与销售”是企业完整功能的自然延伸。

表1-1 “一般企业的新产品开发设计流程”和“教学中运行的产品设计程序”对照表

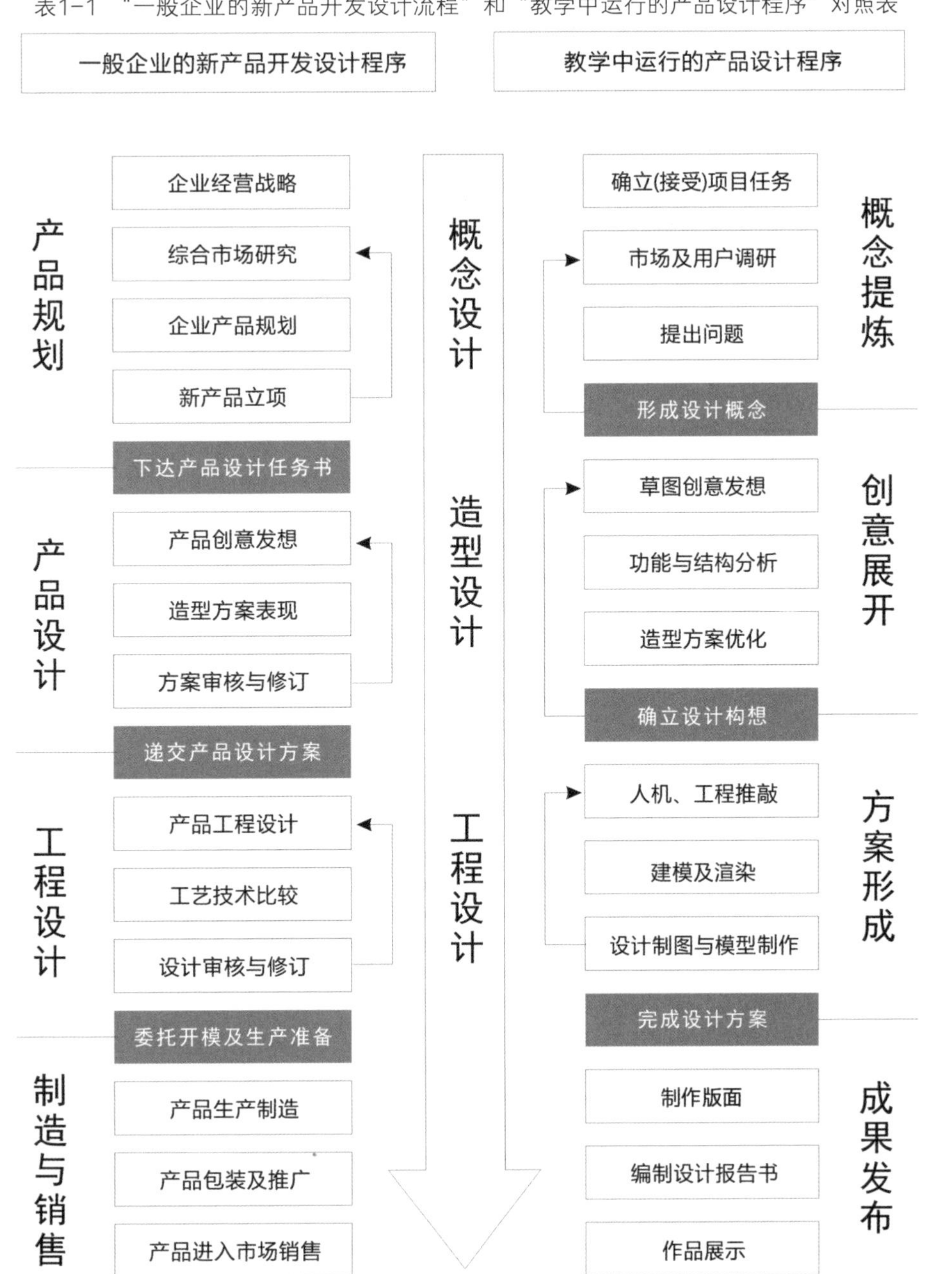

而在“教学中运行的产品设计程序”中，由“概念提炼——创意展开——方案形成——成果发布”四部分构成。是从设计项目任务的明确开始的，主要对应的步骤为前三部分，重点在产品的概念设计和造型设计能力的培养。因为在设计实践中工程设计部分的工作绝大部分由工程师来完成，教学中出于教学条件的限制与强化专业的需要，将这部分内容做应知性处理。相反对于主体设计方案完成后，有关设计成果展示与推广的相关内容进行了强调，故最终落在了“成果发布”这一环节。

“概念提炼”是一个发现问题、分析问题并界定问题，从而明确设计目标的过程。它从用户需求、用户与环境调研的面上展开，最后集中到对少数个别或几个主要问题解决的点上结束。其内容与“概念设计”相对应。

“创意展开”是产品雏形的孵化，是一个思维发散、创意发想天马行空，在各种解决方案中不断择优的过程。对应前述“造型设计”中的大部分内容。

“方案形成”是对创意成果的深化，是一个思维聚敛，细节推敲，验证、优化与完善方案的过程。对应前述“造型设计”和“工程设计”中的大部分内容。

“成果发布”是对设计成果的总结、梳理与提炼，目的是训练学生多层次表达、推广设计成果的能力。

2. 产品设计的方法

产品设计作为一种创造性活动，设计师的创新思维能力和创新工作状态是决定作品质量的关键。就一般意义而言，创新思维的形成有其自身的规律和特征，恰当运用一些有效的工作方法，有利于激发创新思维的产生和集聚众人的智慧，高效率形成解决问题的方案。这里介绍几种常用的设计方法。

（1）头脑风暴法（BS法，即Brain Storming的简称）

头脑风暴法是一种以小组形式展开，通过脑力激荡、交叉影响、集思广益从而激发创意思维的工作方法。

①特点

A. 采取会议形式，发挥集体智慧，有集思广益之长；
B. 邀请专家参与，发挥专业见解；
C. 会议有准备，会前通报议题，讨论问题集中；
D. 讨论自由、平等，畅所欲言，充分发挥各人的创思；
E. 共同交流，互相启发，增加联想，引起思维共振；
F. 时间短，效率高。

②规则

A. 过程中对不同意见不作结论，不进行批驳；
B. 自由思考，不怕标新立异；
C. 设想的方案越多越好；
注意事项：人数<10；时间一般在20~60分钟，过长易疲劳。

（2）卡片默写法

卡片默写法又叫635法，是一种在明确会议主题后，由会议参加者将即兴设想快速记录在卡片上，形成创意思维的工作方法。

卡片默写法的要点如下：
A. 会议由6人参加；
B. 每人发3张卡片；
C. 每5分钟在每张卡片上写一个设想；
D. 循环进行30分钟，可得108个设想。

（3）列举法

列举法的特点是通过罗列和扩大尽可能多的信息，触发思考；在列举时结合一些逻辑方法，可以更全面地考虑问题，防止遗漏；便于从列举的信息中构思，形成多种方案。

①特征列举法

特征列举法重要的是确定系列特征，要利于信息的罗列、扩展和分类。
名词特征：从事物的组成、材料、要素、制造方法等列举；
形容词特征：从表征事物特色方面列举，如性质、形状、颜色、物理机械性能等。

②缺点列举法

缺点列举法围绕原事物加以改进，通常不触动原事物的本质与总体特征，属被动型方法。一般用于老产品的改进。范围小、针对性强，易于明确改造的重点，能较快地提出改进方案。

例如用锤子敲铁钉时误伤手指及功能较为单一是其痛点，Tuk Hammer在锤子的一侧嵌入一个手指保护装置，使用时可取出，该保护装置可以兼作刻度尺、垂直水平仪以及直角测量工具。锤子有两个头：用于坚硬表面的钢头和用于软表面的橡胶头。锤子有一个集成的抓取式拔钉器，其角度可防止表面剐擦（如图1-14）。

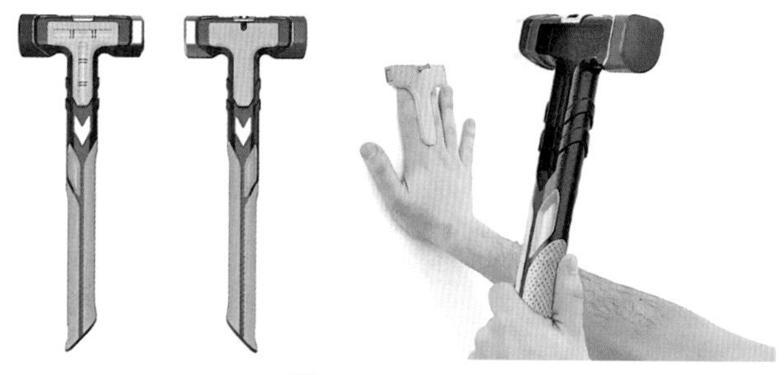
图1-14 Tuk Hammer / Alvaro Uribe

③希望列举法

希望列举法强调整体上、本质上对旧事物的不满，而不像缺点列举法局限于原有事物的框框。希望列举法的改革往往是重大的，大胆的。

④成对列举法

将两种方案的特征进行对比、联系、结合，形成新的方案、构思。不仅可以取长补短，还可互相促进形成新的结合。

（4）5W2H法

5W2H法是一种围绕着问题或对象，从What、Who、Where、When、Why、How much与How to等7个方面进行梳理，从而理清事物发现问题的方法。广泛用于改进工作、改善管理、技术开发、价值分析等方面。通过对事物提出问题，实际上形成对方案的约束条件，据此形成新的创思，应用如表1-2所示。

（5）思维导图法

思维导图法又称为心智图法，是一种将思维形象化，表达发散性思维的有效图形思维工具，用来表现与核心关键词或想法联结，并呈放射状排列的种种创意。思维导图运用图文并重的技巧，把各级主题的关系用相互隶属与相关的层级图表现出来，把主题关键词与图像、颜色等建立记忆链接。思维导图充分运用左右脑的功能，利用记忆、阅读、思维的规律，协助人们在科学与艺术、逻辑与想象之间平衡发展，从而开启人类大脑的无限潜能。（如图1-15）

设计师使用思维导图，通常是当作概念图来产生创意，帮助自己解决问题和做出决策。思维导图就是写下一个中心创意，然后想出新的相关创意，从中间向外辐射出去。焦点集中在主要创意上，然后寻找分支以及各种创意之间的关联，就可以把自己的知识用绘制地图的方式整理出来，将有助于知识的重新架构。

绘制思维导图通常要注意以下规则：

A. 主题词位于中央、围绕主题展开多级发想；

B. 分级主题词布置于不同区域，形成主题层级区块；

C. 每个关键词要与中央主题词建立有机连接；

D. 文字内容便于识别；

E. 单一关键字可以酌情加上简洁的形容词或定义；

F. 为增加思维导图的美感，可围绕各级主题辅以线条与色彩装饰。

（6）主题创意（延伸）法

在设定特定主题的前提下，将主题寓意作为主要的造型依据，有机地将其融入产品的形态语意之中的一种

表1-2 5W2H法应用表

问题 对象	What	Who	Where	When	Why	How much	How to
发光问题	什么光 类太阳光 荧光	谁发光 自身发光 反射光	何地发光 广场 办公室	何时发光 夜里 白天	为什么发光 照明 识别	发多少光 流明量 时间量	如何实现 采购 设计
窗帘布	质地 色彩 厚薄	织物 谁用	家庭 旅馆	冬 夏	保暖 遮光 装饰	规格 性能 价格	设计 仿制

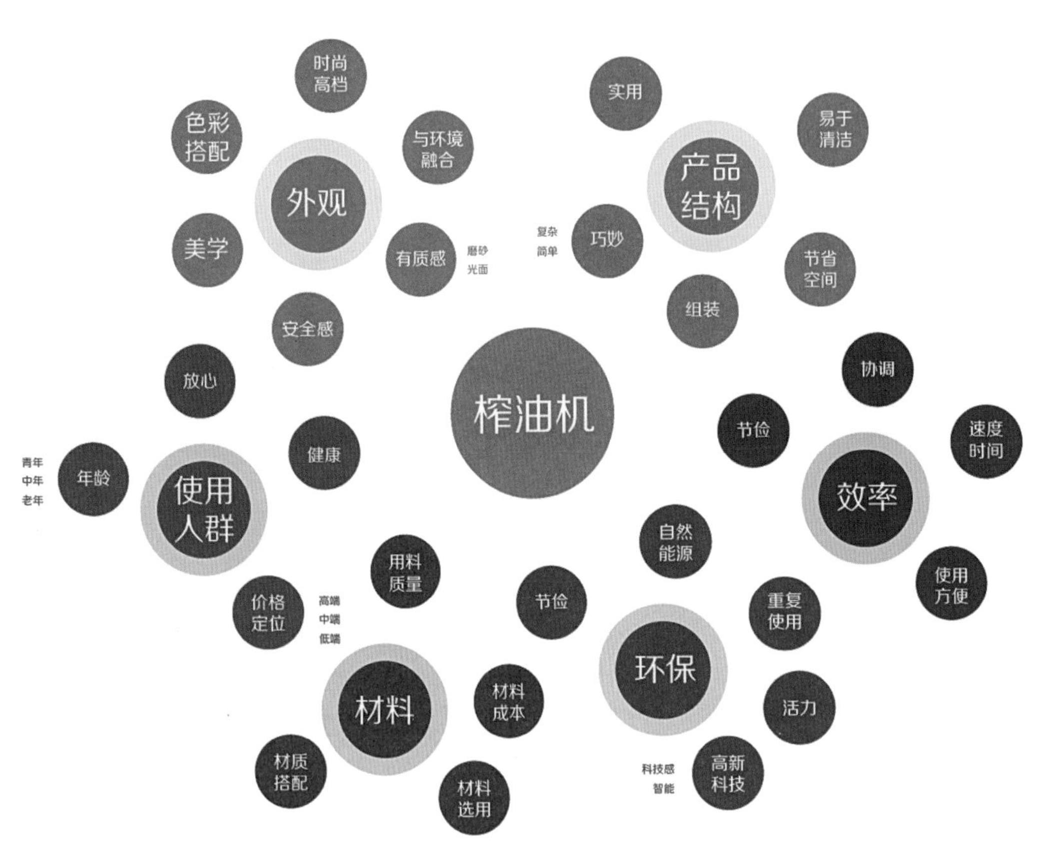

图1-15 Oileel U2家有榨汁机思维导图 / 深圳市浪尖设计有限公司

设计方法，被称之为主题创意法；在既有主题的基础上，将某种设计主题要素（或符号）进行系列性处理，使新的设计作品体现出特定的风格和形象特征的设计方法，称之为主题延伸方法。如动物园一卡通创意护眼系列台灯（如图1-16）。

三、产品设计的原则

原则服务于目的，不同类型的产品有着不同的设计原则。而且在实践中因为受设计委托关系的影响，设计服务的目的变得相对复杂，故难以归纳出一个放之四海而皆准的通用原则，即使相同类型的产品因为委托方开发设计的动机和目的不同，设计的原则也会有差异。在一般情况下，就物质的产品而言，产品设计通常需要遵循下列原则中的部分或者全部。

1. 概念创新

概念创新是指产品的概念设计上要找到具有与众不同的价值所在。对于产品设计特别是开发性设计来说，要充分发挥设计师的创造力，利用人类已有的相关科技成果进行创新构思，设计出具有创造性、体现新颖特色与实用功能的产品。

广汽Magic Box智能移动服务平台，是广汽集团委托广汽研究院设计的，重新定义了汽车空间和移动生活场景。在未来智慧城市愿景中，Magic Box可成为城市客流、物流、服务流三大价值流的智慧链接。车型核心壁垒是新一代智能网联新能源“滑板式底盘”及车云一体架构，助力商家和政府快速定制新服务、新通勤、新物流等新价值场景，切入智慧城市、康养娱教等不同领域（如图1-17）。

2. 人机友好

产品是为人服务的，满足人的需要、方便人的使用是产品设计的目的，也是产品评价的基础，人机关系的友好是产品设计的基本原则。实现人机友好要求设计师充分运用人机工程学的相关知识，在产品的尺度设定、界面规划、操作方式的选择等方面进行深度思考与探究。例如小汽车司机位置周边所有设备的使用界面及功能设定都必须放置在驾驶员的手所能够轻松操控的地方，易于识别，位置规划合理，操作简单（如

图1-16　动物园-卡通创意护眼系列台灯/广东轻工职业技术学院 林敏仪/杨淳指导

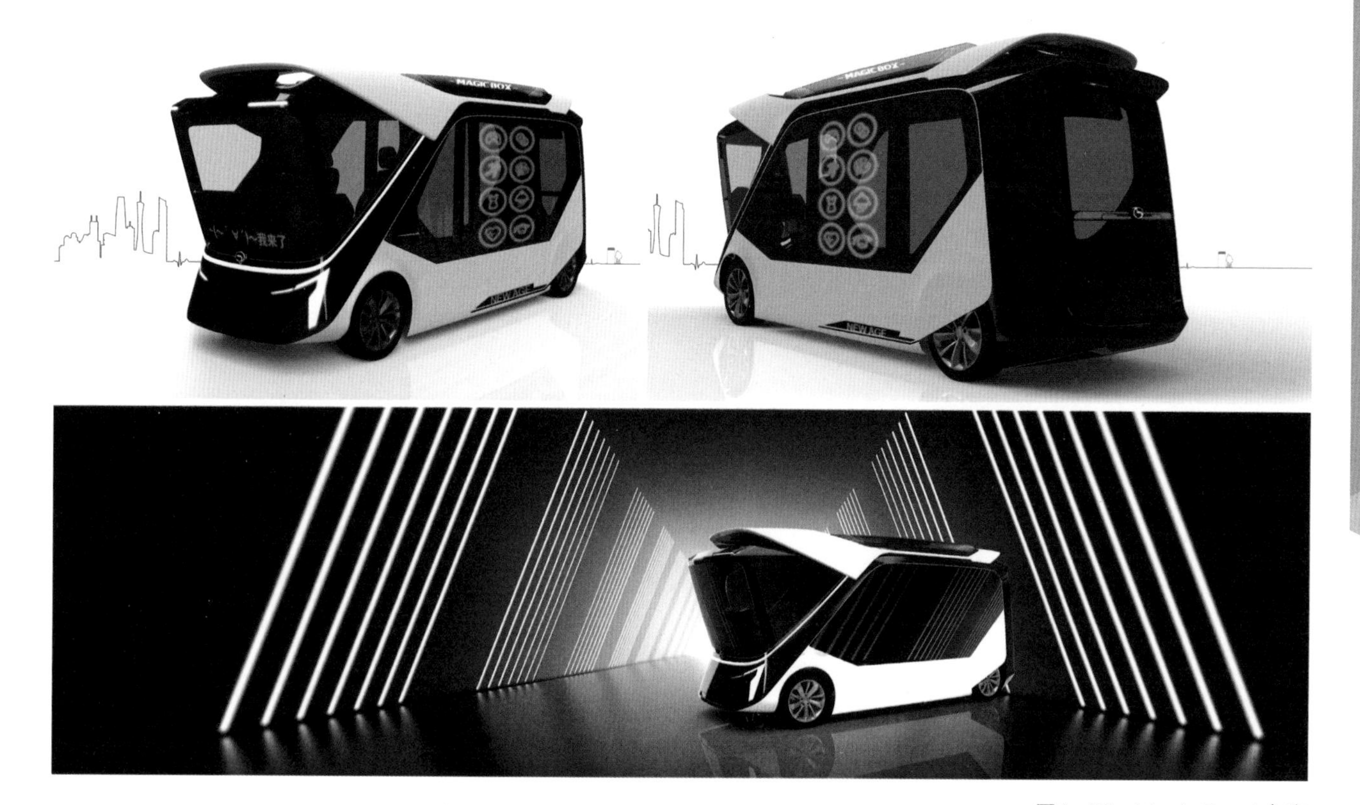

图1-17　Magic Box / 广汽

图1-18）。在互联网背景下，交互设计是人机友好关系在新领域、新产品上的一种延伸。

3．造型美观

虽然美是一个相对的概念，美的标准因对象的文化背景、个人修养、成长环境等因素的不同而存在较大的差异，但美并不是孤立的存在。造型美观首先是指在产品形态的处理上要遵循基本的美学法则，各组成要素之间与整体的关系上具备基本的形式美感；其次也要根据产品的类型来拿捏分寸，并结合产品的消费群体、使用环境等要素进行针对性的系统思考。

4．功能适度

功能适度是指事物保持其质和量的限度，是质和量的有机统一，任何事物都是质和量的统一体，在实践中掌握适度的原则，使事物的变化保持在适当的量的范围内，既防止“过”，又要防止“不及”。对于产品设计来说，功能既是产品存在的基本前提，又是产品价值的主要体现，功能必须有效，但是功能也并非越多越好，要从用户的需求出发，遵守适度原则。例如瑞士军刀，是一种使用方便的多功能袖珍刀，针对不同用户的需求组合了上百种型号，有针对野外旅行、探险爬山的，有适合垂钓的，有适合驾车者的，甚至还有专为左利者设计的适用刀型等（如图1-19）。

5. 结构合理

支持实现某一产品功能的结构方式往往有很多种，无论结构简单与复杂都要遵循一个合理原则。这种合理要结合产品在生产制造、操作使用和保养维修各环节的全过程进行人性化的考量，也要结合经济成本因素从绿色设计、可持续发展的角度进行衡量。例如中国的明式家具，就是结构合理的典范（如图1-20）。

6. 工艺可行

产品是要被生产制造出来才能发挥作用的，产品设计在选定材料与生产加工工艺过程中必须遵循可行原则。不管是零部件的加工工艺，整机的组装工艺，还是表面质地的处理工艺都必须切实可行，否则产品设计就只能停留在效果图或者虚拟的世界里。

7. 成本恰当

针对不同的消费对象与需求，派生不同的产品定位，从而有不同成本构成，产品设计要遵循成本恰当的原则。功能、结构、材料与工艺的选择都是生产成本的构成要素，成本的投入与回报的关系最为密切。消费需求的多层次性应该由丰富的产品来满足，设计师既要避免成本的无谓浪费，也要在该体现产品价值的地方投入相应的成本，不可在产品定位与成本构成上形成错乱。

图1-18　Model 3 纯电动汽车内部空间 / TESLA

图1-19　瑞士军刀 / VICTORINOX

图1-20　黄花梨螭龙纹圈椅 / 明晚期

第三节　产品设计的沿革和发展

产品设计伴随着人类文明的进程，源远流长，它始终在技术进步和主动创新的驱动下围绕着人类需求的挖掘与满足不断前行，历久弥新。与科技进步相比较而言，发端于不同时期的设计思潮是影响设计师设计行为更直接的主观因素。基于篇幅所限，本章仅对工业设计的变革与我国工业设计业态的现状，以及20世纪以来有影响力的产品设计思潮作简单介绍，以利于学生后续的专业学习和未来成长。

一、工业设计的变革与我国工业设计业态的现状

工业设计诞生于百余年前，它产生的背景是以机械化为特征的“工业1.0”和以电气化为特征的“工业2.0”。建立在大批量规模化生产、钢筋水泥、玻璃和塑料材料基础上的工业设计，在经历以自动化为特征的“工业3.0”发展阶段后，迎来了以智能化为特征的“工业4.0”时代，正在接受以数字化、网络化和智能化为特征的产业升级，面临着一场涉及内涵、作业方式、作业标准、思维模式的大变革。工业设计的概念也面临着由跨界、融合引起的再定义（如图1-21）。

2015年10月，在韩国首尔举行的国际工业设计协会第29届年会上，将“国际工业设计协会”（The International Council of Societies of Industrial Design，ICSID）改名为“国际设计组织”（World Design Organization，WDO）。这一名字的变更，说明原有的概念已经无法容下当今工业设计的丰富内涵，必须重新定义，启用新的命名才能适应新形势下工业设计的跨界融合发展。

21世纪，世界顶级大学工业设计教育内涵的变化，也是这一发展趋势的有力印证。无论是哈佛大学的“设计工程”专业、斯坦福大学的d.school、英国皇家艺术学院与帝国理工学院创新设计工程专业、新加坡科技设计大学成立Technology design专业，还是浙江大学创办信息产品设计专业，都在告诉我们，虽然“ID”中代表Design的D没变，但是代表Industrial的I却早已被Integration、Innovation和Information所取代，当代工业设计教育的内涵已经从工业拓展到集成、创新和信息等广泛领域。

随着国际品牌产品竞争的重心转变，可以看出在市场一线工业设计工作的着力点正在发生规律性的迁移。NIKON、SONY与NOKIA三大品牌的相机和手机产品，都曾炙手可热，引领市场潮流若干年，成为市场上的弄潮儿，甚至被写进教科书，成为EMBA的经典案例，可是随着苹果智能手机的出现，这些品牌和产品却表现得不堪一击，甚至退出大众市场。这一市场动态说明工业设计竞争的焦点已经从“追求艺术的设计”“突出人因的设计”“强化商业的设计”发展到了“基于科技的设计”来提升竞争力的阶段。信息革命开启了工业设计的新时代，利用科技赋能设计，让产品设计拥有升维的优势，对竞争对手形成降维打击，成为各大品牌决胜市场的利器。

经历40年的市场化发展，以粤港澳大湾区为代表的中国制造业经历了从OEM（Original Equipment Manufacturer）即原始设备制造商到ODM（Original Design Manufacturer）

即原始设计制造商再到OBM（Original Brand Manufacturer）即原始品牌制造商的发展之路。OEM时期我们的企业是按照“外来的标准、外来的设计、外来的审美”来为海外品牌代工生产产品；ODM时期企业遵循“外来的标准、自主的设计、共性的审美”来为海外品牌设计产品并加工生产；OBM时期企业根据“共性的标准、自主的设计、特色的审美”来为本土品牌推出自己的品牌产品。现在，面对智能制造新时代，全球厂家都面临“全新的标准、原创的设计、个性的审美”带来的新要求，大家都处在同一条起跑线上。如何创造新标准、开展原创设计、引领新潮流，成了摆在设计人面前的新课题（如图1-22）。

伴随着我国制造业历经OEM——ODM——OBM的转变，领先全国的粤港澳大湾区和长江三角洲地区的设计服务业也经历了从设计1.0（D1.0）、设计2.0（D2.0）、设计3.0（D3.0）向设计4.0（D4.0）的发展转变。如图1-23，改革开放后设计服务业态从D1.0到D4.0发展示意图，过去D1.0阶段那种以单项技能为支撑，仅靠单一类型的设计服务就能养活公司的日子是一去不复返了；D2.0阶段基于全产业链能力支撑，为客户提供纵向一体化设计服务成了对设计服务公司的基本要求；到如今主流的设计公司都在按照D3.0的要求来配置自身的能力，构建跨越专业界线的创新团队，为客户提供系统性横向跨界的设计服务；部分前瞻性的公司正在按照D4.0思路，利用大数据与网络化的优势，进行设计创新资源的全面整合与价值输出，打通创新产业链上的市场、设计、制造和投融资渠道等各种生态要素，探索搭建基于资源共享的整合创新与管理服务平台，集约全社会的资源来开展全新的设计创新服务。发生在业界的这种变化正在对我们的设计服务提出新的挑战，对设计教育也提出全新的要求。

“云计算、物联网、大数据与智能化”的发展，带来颠覆性的时代变革，对产品艺术设计专业来说，这种变化十分强烈而又非常具体。非物质产品的出现，颠覆了传统产品设计的路径依赖和实现方式，产品设计师与工程师的合作关系出现解体，取而代之的是程序员；原来生产制造产品所必需的原材料、机器设备、厂房与生产线等生产要素，甚至是销售产品的营销渠道与线下店铺都受到冲击。即使是物质产品的设计与

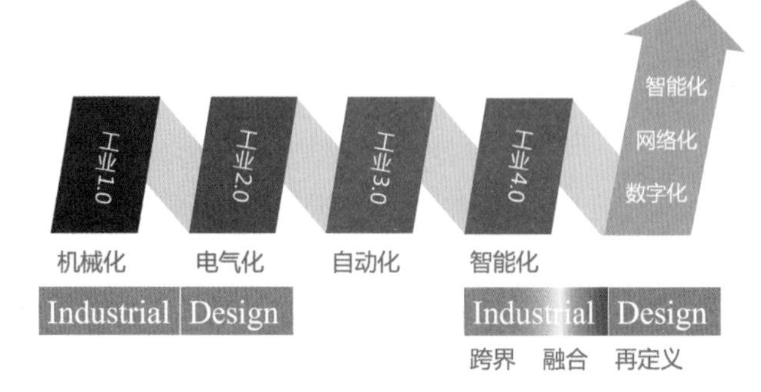

图1-21 工业设计与产业发展示意图

图1-22 改革开放后粤港澳大湾区制造业不同发展阶段对工业设计的影响关系示意图

图1-23 改革开放后设计服务业态从D1.0到D4.0发展示意图

生产制造本身，也发生了巨大的变化。3D打印技术突破了模具对产品结构与形态的制约，使过去的不可能变成可能；智能制造让流水线上的大批量生产成功转型，让流水线上的个性化定制变得可行。产品设计的无限可能性正在被释放出来。

二、20世纪有影响的产品设计思潮

1. 现代主义设计

现代设计风格最先在建筑上得以体现。以沃尔特·格罗佩斯（Walter Gropius），米斯·凡德洛（Ludwig Mies Van der Rohe），勒·科布西耶（Le Corbusier），阿尔瓦·阿尔托（A，Aalto）等人为代表的设计师们提出高度强调功能、强调理性思考的

功能主义理念。现代主义的设计理念有三个方面的突破：一是精神层面的，为大众设计；二是新材料、新技术的应用；三是形式上以功能优先，强调形式服从功能。米斯·凡德洛提出“少则多”的设计原则。现代主义风格的产品设计形态简洁，不受传统形式的束缚，功能清晰。例如德国设计师彼得·贝伦斯为德国最大的电器公司AEG设计的电风扇（如图1-24）、赫伯特·拜耶1925年设计的台灯（如图1-25）。

2. 后现代主义设计

“二战”后国际主义风格的盛行，到20世纪50年代下半期发展成为一味追求形式上的减少主义的特征，为了达到简约设计的风格，甚至可以漠视功能的需求。而此时各国已经从战争的痛苦中脱离开来，社会和平稳定，民众逐渐富裕，进入经济学家称之为的“富裕年代”。国际主义风格加上大规模工业化的生产，让人们觉得甚至连文化也变成了复制品，失去了个性、风格。60年代末期70年代初，出现了挑战国际主义单调风格的“后现代主义”风格，罗伯特·文杜里（Robert Venturi）提出“少即是无聊”。

后现代主义是对现代主义、国际主义的装饰性发展，主张以装饰的手法来达到视觉上的满足，提倡的是追求心理上的需求，强调在现代社会中，产品除了满足功能需求之外，不能仅仅是为了工业生产而设计，必须同时满足消费者的心理需求，加入情感化的设计。后现代主义主要是从形式上对现代主义的修正，不是单纯的恢复历史风格，是一种折中主义的处理手法。孟菲斯集团的领导人物索扎斯设计的书架（如图1-26）、门迪尼设计的一把花哨椅子“普鲁斯特座椅”都是后现代主义具有代表性的作品（如图1-27）。

3. 人性化设计

产品的人性化设计是指在产品设计过程当中，根据人的行为习惯、人体的生理结构、人的心理情况、人的思维方式等，在保证产品基本功能和性能的基础上，使人的生理需求和精神追求得到尊重和满足，是体现人文关怀，对人性尊重的一种设计理念。产品人性化设计的发展趋势有如下五个特点：产品风格个性化、操作界面易用化、功能表现情感化、娱乐过

图1-24　电风扇 / 彼得 • 贝伦斯 / AEG

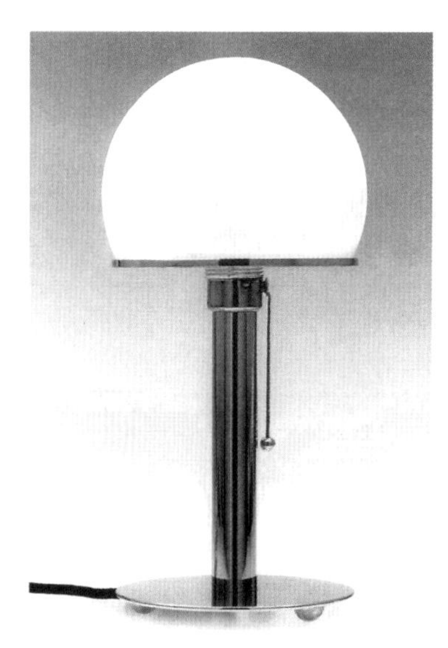

图1-25　台灯 / 赫伯特 • 拜耶

程体验化和生态价值普适化。例如：传统雨伞人们用了3000年，直到2016年英国工程师Jenan Kazim设计出KAZbrella反方向雨伞，才很好地解决了雨天出门，尤其是上下车时，免不了要被淋湿的尴尬现象。其设计的出发点就是对用户需求满足度的深度挖掘，是人性化设计的体现（如图1-28）。

又如水是生命之源，虽然地球上的总储水量比较可观，但是可饮用的淡水资源分布严重不均匀，非洲一些地区常年缺乏饮用水，经常饮用不洁的水源严重威胁着他们的身体健康。针对这种问题，瑞士Vestergaard Frandsen于2005年发明的Life Straw吸管，是一种超强的污水净化吸管，被人们称为“生命吸管”，它可为全球水资源缺乏或野外探险的人提供安全饮用水（如图1-29）。

4. 绿色设计

绿色设计（Green Design）是20世纪80年代末出现的一股国际设计潮流，也称为生态设计（Ecological Design），为环境的设计（Design for Environment）等，是指在产品整个生命周期内，着重考虑产品的环境属性（可拆卸性、可回收性、可维护性、可重复利用性等）并将其作为设计目标，在满足环境目标要求的同时，保证产品应有的功能、使用寿命、质量等要求。绿色设计的原则被公认为“3R”的原则：Reduce，Reuse，Recycle，即减少环境污染，减小能源消耗，产品和零部件的回收再生、循环或者重新利用。例如：1994年，菲利普·斯达克为法国沙巴公司设计的电视机，采用可回收的高密度纤维为机壳材料，成为家电行业绿色设计的新视觉形象（如图1-30）。德国的帕蒂欧（Pardieu）带洗手盆的坐便器，利用洗手的水冲厕所，以减少水资源的浪费。

5. 可持续设计

可持续设计是一种构建及开发可持续解决方案的策略性设计活动，要求均衡考虑经济、环境和社会问题，以再思考的设计引导和满足消费需求，维持需求的持续满足。可持续的概念不仅包括环境与资源的可持续，也包括社会、文化的可持续。评价可持续设计是否成功，要通过对环境、经济、社会等多个领域是否造成损失的综合评估获得。可持续的产品有如下特征。

图1-26　书架 / 索扎斯

图1-27　普鲁斯特座椅 / 门迪尼

图1-28 KAZbrella反方向雨伞 / Jenan Kazim / 英国

图1-29 Life Straw生命吸管 / Vestergaard Frandsen

图1-30 电视机 / 菲利普・斯达克

（1）降低能源消耗

产品在制造过程中会消耗大量能源，电子产品在使用过程中也会耗费大量能源。设计师在设计产品时应尽量降低产品制造和使用环节的能源损耗。这方面的成功案例有LED灯。一般的LED灯的寿命都是可以使用50000小时以上，还有一些特别的LED灯寿命更是可以达到100000小时。当然，决定LED灯寿命的还有芯片和驱动这两方面的因素，但是由于LED灯不存在灯丝熔断的问题，所以LED灯的寿命要远远高于其他灯。相同光通量的情况下，一盏LED灯在能耗上仅为白炽灯的1/10，节能灯的1/4。在家庭照明中，10W的LED灯使用100小时，仅耗电1度，远远优于节能灯。例如图1-31的飞利浦LED射灯。

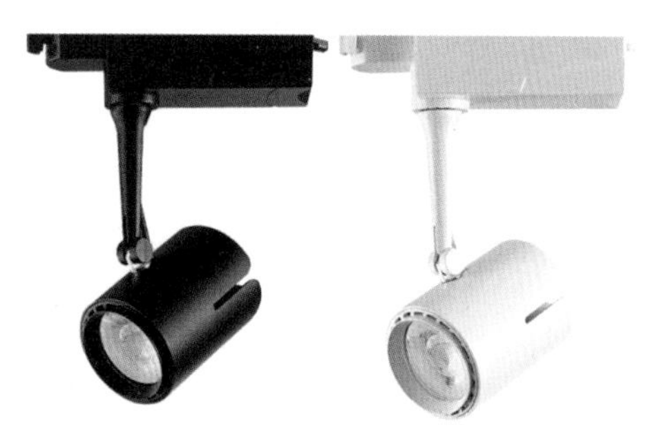

图1-31 LED射灯 / 飞利浦

图1-32 Living Green / Packknower公司

（2）模组化

产品由一系列模组组装而成，这样可以提供很多功能的组合，提高产品间的通用性，并使产品可以轻松维修或升级。

（3）环保的材料

环保的材料包括有机可再生材料、生物分解材料、可回收的材料等。有机可再生材料包括竹材、木材等，这些自然生长的材料常具有与金属或合成材料一样的优良品质。生物分解材料包括纤维、树脂等，它们都可以被微生物分解成低分子化合物。可回收材料包括纸类、玻璃、塑料、金属等，和可分解材料一样，在选用时都要考量当前的科技和基础设施，衡量回收过程消耗的能源与回收所得的关系，使其实现真正的有意义回收和可分解，将对环境的危害降到最低。设计师必须树立鲜明的环保意识，建立人与自然和谐共生的可持续发展设计理念。例如：由中国Packknower公司研发的Living Green是一个用纯草制成的鸡蛋夹盒。它是通过将草收割、撒粉、干燥，切割和整理，与黏合剂混合并最终通过压制、模制和干燥的过程制成的。采用“草皮成型”技术制成的产品可生物降解，环保且无污染。这种材料还可以用于装饰、展览展示、宠物草屋、草木花盆等（如图1-32）。

（4）持久耐用

持久耐用尽量延长产品的使用周期，做到物尽所用。例如700KIDS TF-1是一款可变形的儿童童车，无须工具即可快速变更产品使用模式，实现三轮车到两轮车的快速、安全变换，可满足不同孩子的骑行需求，同时延长使用周期（如图1-33）。

6. 情感设计

在现代工业设计中，“情感化”设计是将情感因素融入产品中，通过造型、色彩、材质等各种设计元素，兼顾人的情感体验和心理感受。这正是随着生活水平的提高，消费者都希望自己购买的产品不仅好用，而且使用起来还要愉悦自身或能彰显个性。令人愉悦的产品表现在：生理感官形态的愉悦、心理认知形态的愉悦、社交形态的愉悦及意识形态的愉悦。例如受到五彩缤纷的森林的启发，来自波兰Redo Design工作室的设计师Radek Nowakowski 设计了一款树木屏风，让人仿佛置身森林之中，这款屏风造型像是一棵树，树冠用毛毡做成，支架用山毛榉木棒做成，最下面是一个用混凝土做成的底座，多种颜色可选。不论是放在家里，还是办公室里，都能够让空间顿时鲜活起来，让人心情愉悦（如图1-34）。

7. 无障碍设计

无障碍设计（Barrierfree Design）这个概念名称始见于20世纪70年代，强调在科学技术高度发展的现代社会，一切有关人类衣食住行的公共空间环境以及各类建筑设施、设备的规划设计，都必须充分考虑具有不同程度生理伤残缺陷者和正常活动能力衰退者（如残疾人、老年人）的使用需求，配备能够应答、满足这些需求的服务

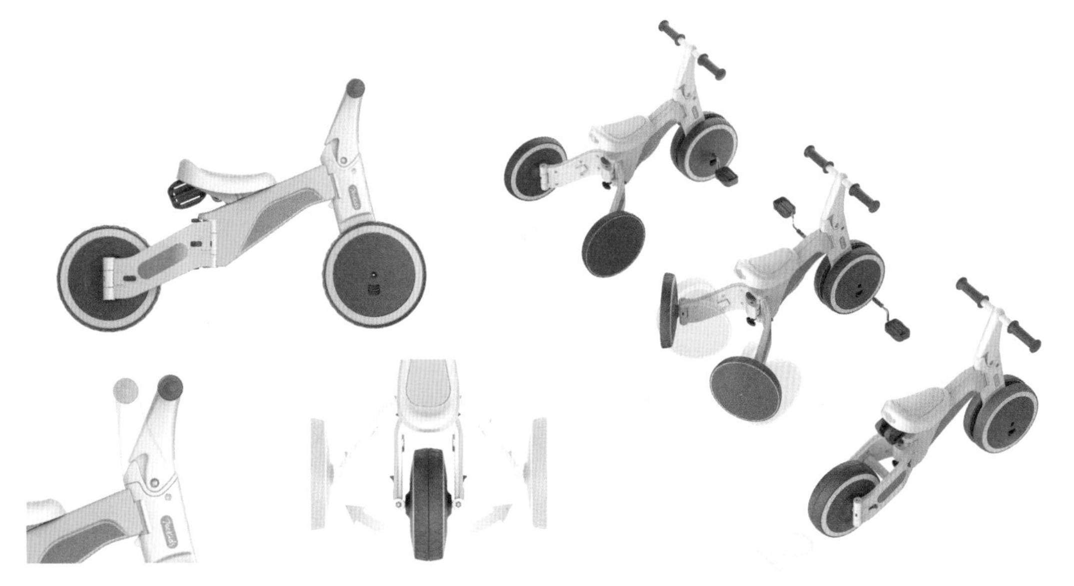

图1-33 700KIDS TF-1多功能儿童自行车 / 700Bike

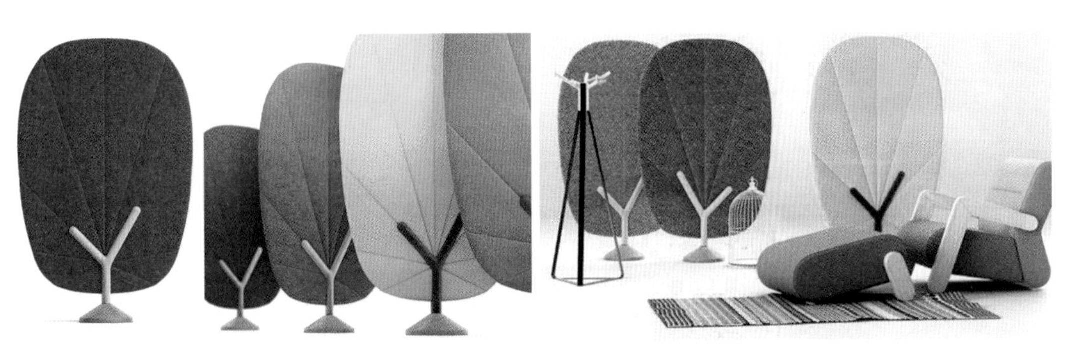

图1-34 树木屏风 / Radek Nowakowski

功能与装置，营造一个充满爱与关怀、切实保障人类安全、方便、舒适的现代生活环境。例如欧路莎老人浴缸，在浴缸侧面开了一个门，安装了把手，内部做了防滑处理，方便老年人进出（如图1-35）。随着老龄化社会的来临，无障碍设计越来越重要，如何为老年人创造真正无障碍的生活环境，是设计师值得关注的问题。

8. 通用设计

通用设计又名全民设计、包容设计，是指产品在合理的状态下，无须改良或特别设计就能为社会上最广泛人群使用。设计师创造出来的产品或服务，要尽可能针对最广大的群众，不论能力、年龄或社会背景，也就是说要尽可能包容边缘人群，如老人、残疾人或职业病患者等的需求。通用设计是一种整合性设计，需要把不同能力使用者的需求整合到设计流程中，通用设计的七大原则如下。

原则一：公平地使用，对具有不同能力的人，产品的设计应该是让所有人都可以公平使用；
原则二：灵活地使用，设计要迎合广泛的个人喜好和不同的使用能力；
原则三：简单而直观，设计出来的使用方法是容易被理解的，而不会受使用者的经验、知识、语言能力等方面差异的影响；
原则四：能有效传达信息，无论四周的情况或使用者是否有感官上的缺陷，都应该把必要的信息传递给使用者；

原则五：容错能力，设计应该可以让误操作或意外动作所造成的负面结果或危险影响减到最少；
原则六：尽可能减少使用者体力上的付出，设计应该尽可能地让使用者有效地和舒适地使用，减少体力支出；
原则七：提供足够的空间和尺寸，提供的空间和尺寸让使用者能够便于接近、够到、操作，并且不受其身形、姿势或行动障碍的影响。

例如设计师Isvea Eurasia带来的这款高度可调的马桶（Height Adjustable Water Closet），马桶背后的面板上有上下两个箭头按钮，按上，马桶高度便升高；反之，则下降。设计师说，整个马桶的升降范围可达25厘米，可以满足大多数人的需求。不论是大人、小孩还是老年人，都可以找到自己最“方便、合适”的高度（如图1-36）。

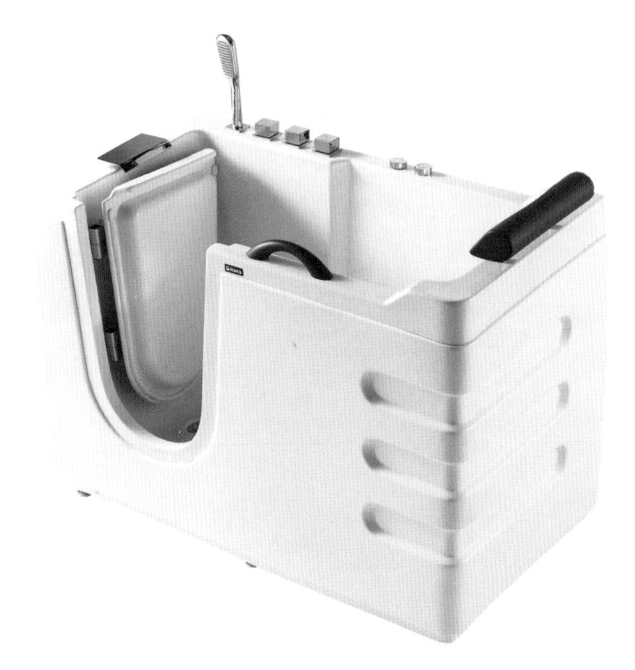

图1-35 老年人浴缸 / 欧路莎

图1-36 可调节高度的马桶 / Isvea Eurasia / 意大利 / 2012

第二章

设计与实训

■ 本章内容的主要目的是满足学生岗位职业能力培养的需求。针对岗位的四种核心能力：创新能力、执行能力、协作能力以及学习能力，选择“生活用品、儿童用品、IT产品”三类典型产品设计项目进行实战介绍，在兼顾完整流程训练的同时，考虑到产品类型差异所带来的侧重点不一样，引导学生通过对问题的关注、对对象的关注以及对路径方法的关注等多角度训练，全面掌握产品设计的相关知识和实践能力。

当下行业和市场对初级工业设计师的要求是：能够依据调研目标选择适当的调研方法，能够利用公共信息资源检索所需信息，能够对用户需求、同类产品以及目标群体等进行进行分析，明确产品设计定位的关键要素；能够合理定义产品功能及实现方式，能够运用手绘草图简洁地表达创意思路过程、产品的外观形态、基本的功能结构；能够熟练地运用计算机进行建模渲染，能够驾驭泡沫、石膏或油泥等模型制作方法；能概括地表述设计方案的理念和定位，能够用书面文字、视觉表现等形式系统地呈现设计方案，能够熟练制作、运用PPT演示文稿及语言精炼表达设计方案。

本章内容选取“生活用品、儿童用品、IT产品”三类典型产品设计项目进行实训，目的在于兼顾完整流程训练的同时，通过对产品类型差异所带来的侧重点的训练，帮助学生更有效地关注不同的问题、对象和路径方法，进行多角度的训练，全面掌握产品设计的相关知识，培养切实可行的专业设计能力。

第一节 项目范例一：生活用品设计

生活用品是与人类日常生活关系最为紧密的产品，绝大多数相关生产技术都成熟稳定，是广大产品设计师使用最多、感受最深、最容易获得用户体验和意见反馈的一类产品。故本节选择生活用品为项目进行设计实训。这里所说的生活用品泛指日常家庭生活所常用的产品，包括电器和非电器在内。

一、项目要求

项目背景：设计来源于生活，关注生活习惯、研究生活细节，发现生活中存在问题，提出创造性的解决方案，提升生活品质是本项目的训练目标。通过本项目的训练使学生掌握生活用品的设计要点和方法，遵循“概念提炼→创意展开→方案形成→成果发布”的程序，设计出满足用户需求、环保、安全、节能，符合市场规律、创新性和审美性高的生活用品。

项目名称：生活用品设计
项目内容：生活用品的创新设计
训练目的：A. 通过训练，掌握生活用品设计的基本知识点；
B. 学习生活用品设计的方法与程序；
C. 培养团队协调、口头表达、设计表现等能力。

教学方式：A. 理论教学采取多媒体集中授课方式；
B. 实践教学采取分组研讨、实操等方式；
C. 利用《产品设计》网络课程平台，开辟网上虚拟课堂；
D. 结合企业现场教学及名师讲座。

教学要求：A. 多采用实例教学，选材尽量新颖；

B. 教学手段多样，尽量因材施教；

C. 设计的生活用品要符合市场及用户需求；

D. 作业要求：调研PPT一份、设计草图50张、草模多个；产品效果图、使用状态图多张；版面两张、工程图纸一份、外观模型一个；最终汇报PPT一份。

作业评价：A. 创新性：概念提炼，创新度；

B. 表现性：方案的草图表现，效果表现，模型表现及版面表现；

C. 完整性：问题的解决程度，执行及表达的完善度，实现的可行性。

二、设计案例——企业作品案例

1. 作品名称：DLM手提桌

（1）**设计师**：Thomas Dentzen

（2）**品牌**：HAY

（3）**设计解码**：HAY创立于2002年，是来自丹麦的北欧家居品牌，主打小清新和多样化设计，能够在第一瞬间就用丰富的色彩和极具辨识度的设计抓住人们的眼球，大家戏称其为"家具界的ZARA"。在进入国内市场以后，迅速跻身年轻人喜爱的流行家居之列，HAY品牌具有鲜明的品牌价值观——"做买得起的好设计"，与世界各地的名设计师合作，但价格却十分亲民，善于发现低成本的材料，尽可能地使用新的生产技术，投入少、产量高，用质量和可持续性来定义"买得起的设计"。

DLM手提桌是丹麦设计师Thomas Bentzen 的作品，钢结构，表面是彩色涂层，产品轻巧便携。它弯曲的把手仿佛时时刻刻在跟你说：Don't Leave Me!（缩写DLM，中文意思为：不要离开我。）这款手提桌具有方便的把手与托盘，便于在室内轻松移动（如图2-1）。

图2-1 DLM手提桌 / HAY

2. 作品名称：AM01 30cm 无叶风扇

（1）设计师：James Dyson

（2）品牌：DYSON

（3）**设计解码：**詹姆斯 · 戴森（James Dyson）是一名工业设计师、发明家、戴森公司的创始人，被英国媒体誉为“英国设计之王”，是受英国人敬重的、富有创新精神的企业家。代表作是无叶电风扇（Air Multiplier）和真空吸尘器。

传统风扇使用快速转动的叶片来切割空气，但叶片转动会形成令人不安和具有安全隐患的震颤。戴森发明的无叶风扇，采用Air Amplifier 技术放大气流，通过导入和牵引的物理原理，既能提供持续的平稳气流，又改善了传统叶片风扇的感观和安全隐患问题。

无叶电风扇也被称为空气增倍机，它能产生自然持续的凉风，由于没有叶片，不会覆盖尘土或者伤到好奇儿童的手指，既安全又易于清洁。更奇妙的是无叶电风扇的造型简洁，外形既流畅又清爽，给人美好舒爽的视觉感受，和大多数桌上风扇一样，无叶电风扇能转动90度，而且还可以自由调整俯仰角，遥控控制，液晶屏显示室内温度及日期、时间，更容易操作，更具人性化。设计新颖时尚，因为没有风叶，阻力更小，没有噪音，没有污染排放，更加节能、环保、安全。

这款AM01 30cm无叶风扇开创了无叶风扇的先河，从技术到外观都改变了人们对风扇的固有看法（如图2-2、图2-3）。

图2-2 Dyson 空气净化暖风扇

图2-3 无叶风扇使用状态图，可360度旋转

3. 作品名称：Chest of drawers、Tea for two、Salad sunrise

（1）**品牌：**Droog Design

（2）**设计解码：**Droog在荷兰语中是干燥的意思，Droog Design是荷兰的家居用品品牌及设计团队，代表简约不乏味、一目了然的设计，它通过设计对文化、生活提出批判和反思，设计了不少优秀的作品，打破了欧洲设计市场被意大利和德国设计瓜分的局面，将荷兰设计推向国际舞台。最具代表性的作品包括牛奶瓶灯、85颗灯泡吊灯、抽屉五斗柜、废布椅、衣架灯和树干长凳等。

如图2-4的Chest of drawers是一个抽屉柜，于1991年问世，是Droog的经典作品，被MOMA和纽约艺术与设计博物馆收集，是对消费主义的批判。设计师Tejo Remy为收集的抽屉提供了新的外壳，然后将它们松散地捆在一起，向人们传达了回收利用的设计理念。

如图2-5的Tea for two是一个有两个喷嘴的茶壶，两个手柄，两个人用时，便于相互倒茶。外形是将传统中国茶壶的把手和壶嘴做了镜像所得，无论使用者是左利还是右利，都可以随意使用。

如图2-6的Salad sunrise是一个油醋调味瓶，该容器突出了油和醋的天然特性，两种液体的物理特性意味着油将始终漂浮在醋的顶部，因此不需要各自独立的容器，一个带有两个不

图2-4　Chest of drawers / Droog Design

同高度出口的容器就能容纳两种液体：首先倒入醋，然后倒入油，并观察它们如何分开，是一个很有趣味的调味瓶。

4. 作品名称：四分之三圆眼镜

（1）品牌：TAPOLE轻宝眼镜

（2）设计解码：TAPOLE 轻宝眼镜被誉为眼镜行业的苹果，是一家深受互联网人群喜爱的网红眼镜品牌。轻宝眼镜，采用日本进口的钛金属打造，强度更高、更耐用，轻弹舒适，结构巧妙、精密，鼻托、脚链采用无螺丝设计，总重量不超过10 克，款式多样，产品曾获iF DESIGN AWARD 2018（德国）、GOOD DESIGN AWARD 2017（日本）、SPARK DESIGN AWARD 2017（美国）等在内的14项设计大奖，是中国获得最多国际设计大奖的眼镜品牌。四分之三圆是TAPOLE 轻宝眼镜的经典设计，在简约的线条中，留一分缺口，形成一个四分之三圆，文艺而不失个性，全镜轻至7.5 克，有枪灰色和古铜色双色可选，复古而富有质感（如图2-7）。

图2-5　Tea for two / Droog Design

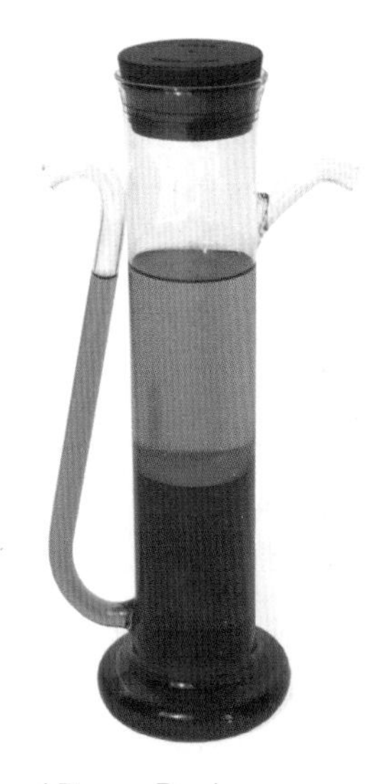

图2-6　Salad sunrise / Droog Design

图2-7　四分之三圆眼镜 / TAPOLE

5. 作品名称：原创简约竹木功夫茶盘套装

（1）品牌：橙舍

（2）设计解码：橙舍，精良竹家居用品品牌，倡导简单自然的新生活方式，坚持“原生态不做作”的原则，致力于打造“轻灵雅致、简约实用”且略带一丝禅意的竹品家居，让心灵得以回归。橙舍，基于对自然的尊重，全线产品均采用可循环再生的竹资源与棉、麻、陶等材料，强调品牌的社会责任感，让环保从常用的生活用品开始。产品体系以北欧实用主义与东方情怀相互融合为根本，“装点局部空间”为依据，深入到“厨房、餐厅、玄关、卧室、书房、阳台”六大区域，从古人生活方式与现代生活方式中找到交集，专注细节。

原创简约竹木功夫茶盘套装把传统的单一茶盘和果盘合二为一，畅想美好下午茶时光。四周的弧形底座圆润不尖锐，清洗方便，不留死角，采用深山楠竹，环保自然（如图2-8）。

图2-8　原创简约竹木功夫茶盘套装 / 橙舍

三、设计案例——学生作品案例

代步健身动感单车

1. 产品名称：代步健身动感单车（扫码链接视频）

（1）设计师：潘锦平

（2）设计解码：这是一款代步健身动感单车，代步车可以分离出来独立在户外使用，又可结合到动感单车上增加运动时的负重，运用动能转化为电能的原理，将在室内骑健身单车运动时生成的电能传输到独轮代步车上，给予充电。产品与手机APP结合，让人们一边运动一边享受音乐，让年轻一族拥有一个白天用代步车出行上下班，晚上在室内健身的健康生活方式（如图2-9）。

智能拷贝板

2. 产品名称：K-DUPLICATE智能拷贝板（扫码链接视频）

（1）设计师：林春锋

（2）设计解码：K-DUPLICATE是一款临摹钢笔字、书法、漫画、草图的智能手绘拷贝板。拷贝的原始图片可通过智能设备由电脑传送到K-DUPLICATE中，实现实时共享。拷贝时，打开固定架，将拷贝纸放于显示屏上方，盖上固定架即可定位。K-DUPLICATE提供A3和A4两种尺寸，背面的支撑架可自动旋转调节高度，适合不同人群需求。毛毡材质的包装袋可收纳纸和笔，又对产品起到保护作用（如图2-10）。

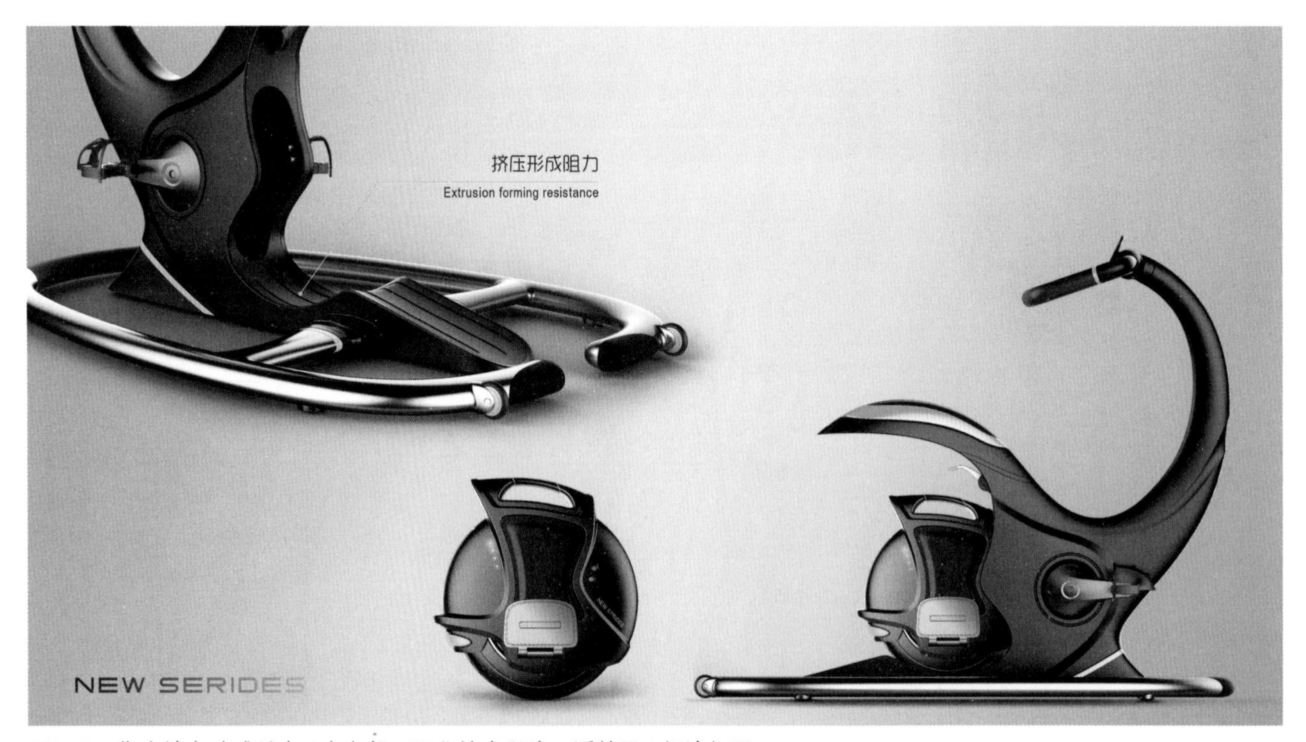

图2-9　代步健身动感单车 / 广东轻工职业技术学院　潘锦平 / 杨淳指导

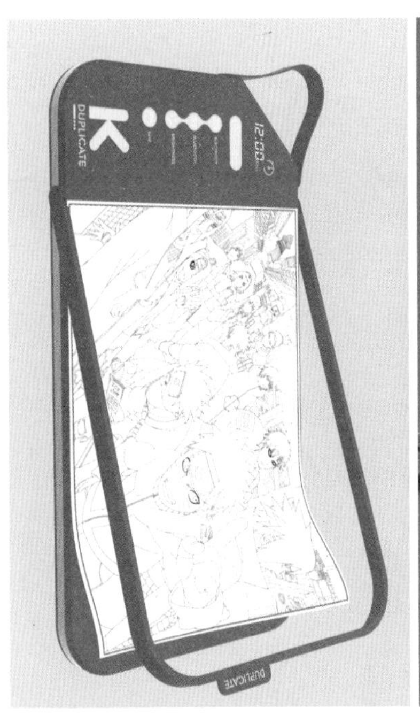

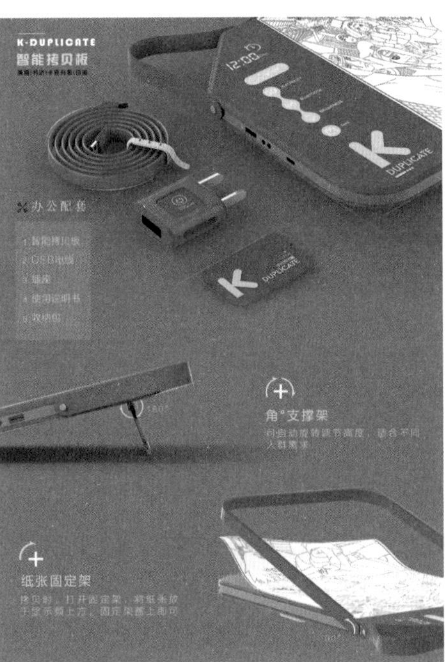

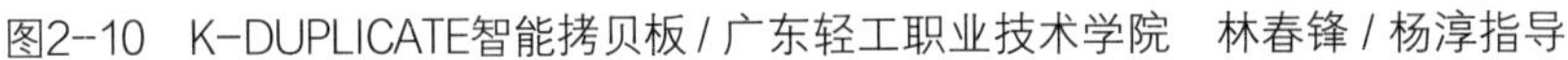
图2-10　K-DUPLICATE智能拷贝板 / 广东轻工职业技术学院　林春锋 / 杨淳指导

图2-11　边缘收纳箱 / 广东轻工职业技术学院　吴俊聪、欧阳伟恒、吴鼎麟、董业轩 / 廖乃徵指导

3. 产品名称：Alison Duck 边缘收纳箱（扫码链接资料）

边缘收纳箱

（1）设计师：吴俊聪、欧阳伟恒、吴鼎麟、董业轩

（2）设计解码：Alison Duck 为桌面边缘收纳箱，造型灵感源于鸭子浮游于水面的形态。产品由箱体与螺丝构成，使用时将鸭嘴部分夹于桌面边缘，由螺丝固定底面结构（如图2-11）。

四、知识点

1. 产品的功能与结构设计

（1）产品的功能设计

①功能的分类

产品的功能可以分为使用功能与审美功能。

功能是产品的核心，也是最基本的属性，产品是为了满足人们的某一需求而被创造出来的，任何一件产品都有它基本的存在价值——使用功能。使用功能是指产品的实际使用价值；审美功能是利用产品的特有形态来表达产品的不同美学特征及价值取向，让使用者从内心情感上与产品取得一致和共鸣的功能。

从另一角度，功能可分为单一功能和多功能。产品设计是围绕着问题的解决而展开，以问题的合理解决为最终目的的创造性活动。一般来讲，产品的功能是产品所要解决的最基本问题，功能因素是任何一件产品设计最基本的也是最主要考虑的因素之一。功能有强烈的针对性，只有在综合考量使用对象、使用状态、使用环境和需要解决的问题的基础上，才能较好地进行取舍。一件产品的功能并不是多多益善，过分就导致浪费；也不是越少越好，不足又显得欠缺。往往一个好的设计作品在功能数量的把握上都很有分寸，既要把握使用者的实际需求，又要把握使用的易用性。比如：MAK安特菲多功能烤涮一体锅（如图2-12）。

图2-12　多功能烤涮一体锅 / MAK安特菲

②功能来源于需求

产品的开发来源于需求，开发产品的目的是满足需求。马斯洛的需求层次理论把人类需求分成六个层次，可见需求是多层次和多样性的，这也是人类创造出各种功能的产品的动力。有效地获取和理解用户需求，并在产品功能的抽象表示和描述中准确地反映用户需求信息，是产品进行功能设计的先决条件，也是取得概念设计成功的必要前提。例如由 Permafrost design studio 公司设计的这套Stokke Steps儿童座椅，可伴随儿童不同成长阶段而持续使用，可以满足从儿童出生到快乐童年的与“坐”相关的所有需求（如图2-13）。

③产品的功能设定

第一，产品的功能设定要符合产品的定位，要与用户的需求相一致；
第二，子功能的设定要与主体功能相一致；
第三，产品功能的设定要能够量化；
第四，产品功能设定要完整、明确。

图2-13　Stokke Steps儿童座椅 / Permafrost design studio

例如：
产品：手电筒（如图2-14）
产品定位：为户外活动的人设计一只手电筒
主功能：照明
子功能：可调节亮度、能够自给能源、方便携带。
功能量化：照明的亮度、照明的范围、照明的使用的时间跨度。
功能的设定要完整：照明功能、产品易于携带、能够自给能源。
照明功能的细化与明确：照明的亮度、照明的范围、照明的使用时间跨度、照明的亮度是否需要调节。

（2）产品的结构设计

结构是产品功能得以实现的基本保障，单纯的材料不能等同于产品，它必须经过结构和形态的处理才使产品具备特定的功用。通过合理的结构设计可以改善材料的物理性能，增强材料的受力强度和稳定性，并在一定意义上影响产品的外部形态。就部分产品而言，结构关系就直接决定产品的主要形态特征，大多数传统工具类产品就是很好的例证。就比较复杂的产品而言，其结构是指各个组成部分之间相互关联，并能起到支撑、平衡或传递运动作用的各种方式。

①产品结构的分类

产品的结构可分为：实现产品各组成要素之间关系的结构和实现产品的运动传递关系的机构两种不同的类型，如表2-1：

表2-1　产品结构的分类

	分类	特点
实现产品各组成要素之间关系的结构	产品壳体结构	产品壳体结构是产品外部造型，是包裹产品的封闭型结构
	产品支撑（框架）结构	支撑产品的重量、内部组件及产品壳体，配合产品造型，安装连接产品内外器件
	产品安装连接结构	将产品内部各组件固定起来，保证各组件的相对位置、安装强度与可靠性；将产品壳体与框架及产品组件共同连接起来
实现产品运动传递关系的机构	平面连杆机构	由一些刚性构件以相对运动连接而成，多呈杆状（如图2-15）
	凸轮机构	由凸轮、从动杆和机架三部分组成（如图2-16）
	间歇机构	实现间歇运动的两种主要机构即棘轮机构和槽轮机构（如图2-17、图2-18）

②产品的结构与功能的关系

好的结构是实现产品功能的基本前提。如：各种可折叠的产品，其折叠的结构，是产品实现方便携带与收藏功能的基本保障。恰当的结构处理有利于巧妙实现产品功能，如图2-19的圈背交椅，结构去繁就简，利用榫卯结构和轴钉构件结合，实现交椅的可折叠功能，重量轻，便于移动；再如图2-20的咖啡桌，通过多片木材构件的卡接，实现了不用螺丝就能组装的结构方式。

好的结构还有利于产品功能的改善与拓展。例如游泳对于儿童健康成长益处甚多，但儿童游泳时需要携带的装备种类繁多，导致儿童在游泳过程中出现游泳装备丢三落四的概率很高，针对这一情况，本设计提供了一站式解决方案Grow儿童游泳背包，这款产品采用的一体式收纳设计使儿童或其父母能更方便快捷地收纳游泳装备。打水板置入背包时，形态与背包融合为一个Q版的公仔。背包内部设计特定的游泳装备放置区域，从而提供更为简便的游泳装备收纳体验。另外，背包内部设计有干、湿分离区和玩具杂物区三个收纳分区，使背包功能更为齐全，达到拎一个包即装备俱全的使用效果（如图2-21，扫码链接视频）。

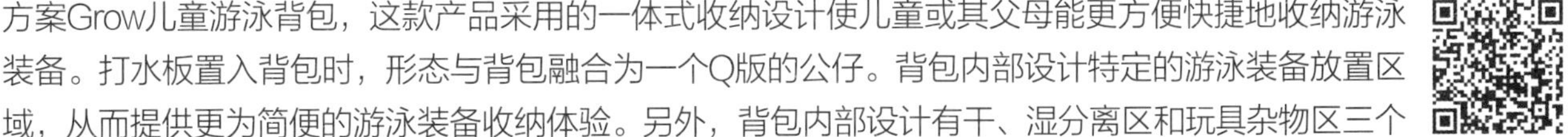

功能与结构设计-游泳背包

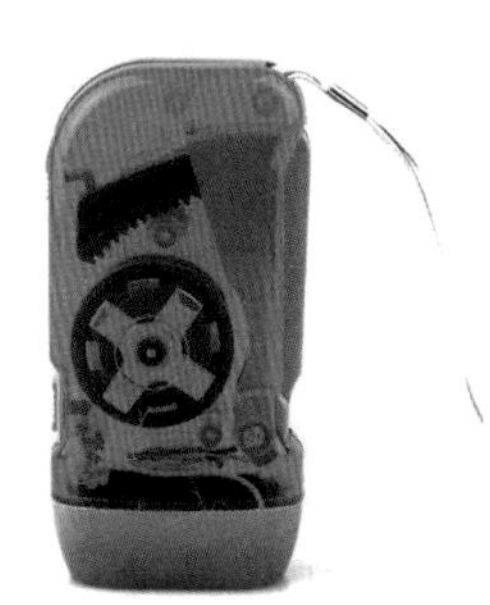

图2-14　手握（压）发电手电筒

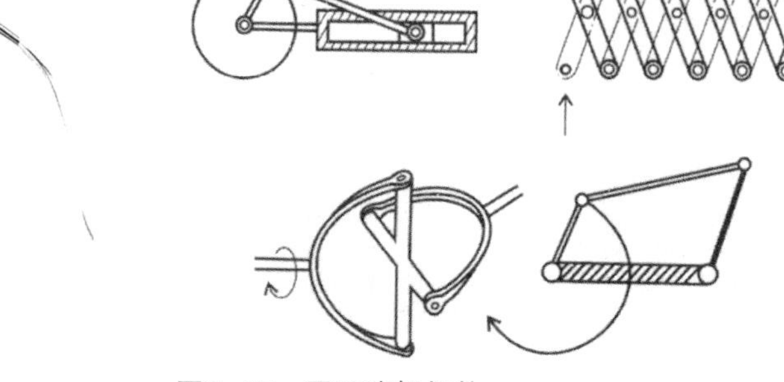

图2-15　平面连杆机构

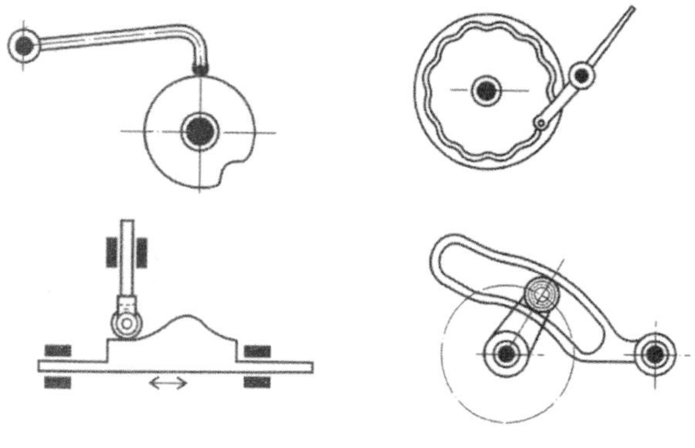

图2-16　凸轮机构

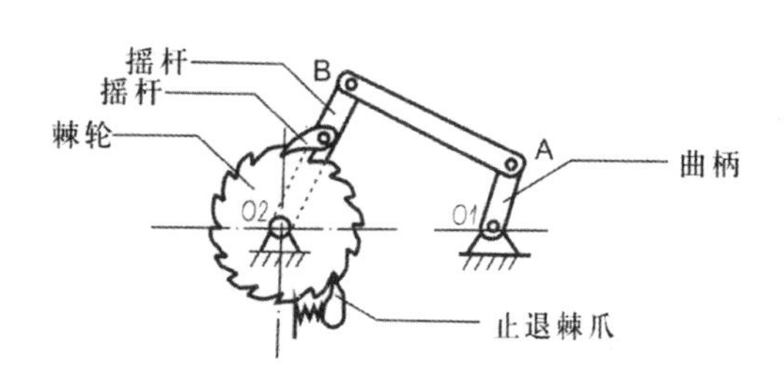

图2-17　棘轮机构

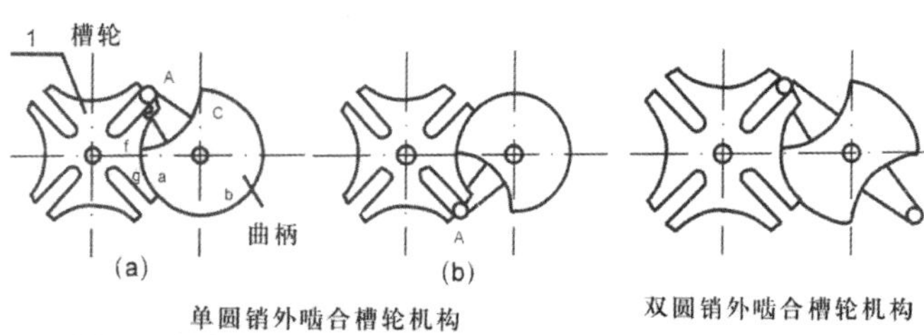

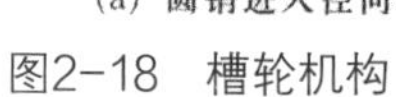

图2-18　槽轮机构

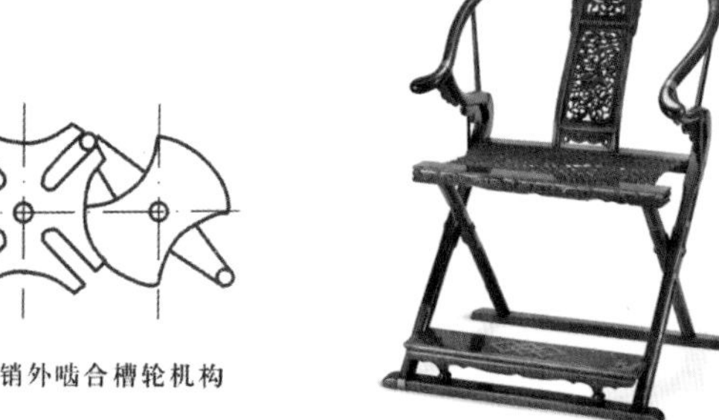

图2-19　黄花梨麒麟寿字纹圈背交椅 / 明末清初

图2-20　咖啡桌

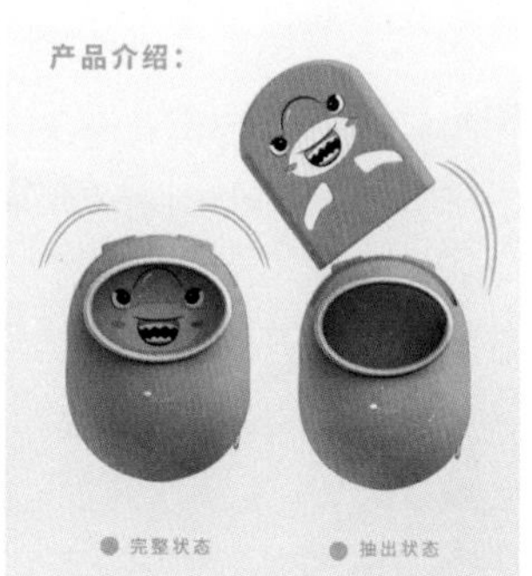

图2-21　Grow儿童游泳背包 / 广东轻工职业技术学院 李道党 / 梁跃荣指导

③产品的结构设计的要求

第一，产品结构应反映生产规模的特点；

第二，合理规划产品结构组件；

第三，尽量利用典型结构；

第四，力求系统和结构简单化；

第五，合理选择基准、力求合一；

第六，贯彻标准化、统一化原则。

2. 影响产品设计的其他相关因素

作为人造物的产品，它是由人类根据自己的需要有计划地创造出来的，设计的最终定型，是设计师在若干影响要素之间进行平衡的结果。除了前面讲述的功能和结构要素外，其他影响产品设计的相关因素包括：环境、技术、材料与工艺、人机工学等，这些因素在产品设计的过程中发挥着相对客观的影响作用。设计师对这些因素的充分理解和尊重，是做好产品设计工作的前提。下面结合不同的因素就其与产品设计的关系进行阐述。

（1）环境与产品形态

①环境的概述

环境是指某一特定生物体或生物群体以外的空间，以及直接或间接影响该生物体或生物群体生存的一切事物的总和。环境总是针对某一特定主体或中心而言的，是一个相对的概念。本书所指的环境主要是指产品使用的自然环境，可分为室内环境与室外环境。室内环境，是相对室外环境而言，通常我们所说的室内环境是指采用天然材料或者人工材料围隔而成的小空间，也是与大环境相对分割而成的小环境。我们工作、生活、学习、娱乐、购物等相对封闭的各种场所，如：办公室、家居住宅、学校教室、医院、大型百货商店、写字楼以及飞机、火车等交通工具都包括在室内环境之中；室外环境是指一切露天的环境。

②环境与产品设计的关系

产品不能离开环境而独立存在，产品设计要充分考虑产品的使用环境因素对产品带来的影响，必须首先保证产品在环境中的正常使用效果。环境的光、声、温度、湿度、空间尺度等物理因素，以及酸碱性等化学因素都会直接影响产品使用效果的发挥，对这些因素的应对，最终都会影响或者作用到产品的造型设计。以灯具为例，照明是灯具的基本功能，不同的空间环境对灯的要求存在着巨大的差异。户外的路灯不仅要求光源有足够的亮度，而且还要考虑满足防风、防雨、防日晒等特殊的需要，安装的尺度也要比较高，一般在6米以上，否则就直接影响照明效果的发挥（如图2-22）。而家庭用的台灯在亮度上60瓦的白炽灯就已经很亮了，底座高度如果超过1米，放置和使用就成了问题（如图2-23）。

图2-22　路灯

又如休息室的椅子设计，为了在公共空间中营造出私密性的小空间，以备用户休憩，可以通过将椅子宽大的靠背设计成一个围合的空间来实现（如图2-24）。徒步探险、夜间骑行用的头灯，由于特定的环境腾不出手去持握灯具，所以要将灯固定在头上（如图2-25）。这都是环境对产品设计提出的要求。

不同地区气候的差异也对产品提出不同的要求。进行产品设计时，要根据各地气候特点进行分析，一方面针对性处理，确保产品在日晒雨淋、冰天雪地等环境中能正常使用，另一方面也要适应不同地区的气候特点开发出有地区特色的产品来。比如：抽湿机因为在干燥空气方面的作用，对付梅雨季节的潮湿天气特别管用，在我国长江以南的广大地区深受欢迎（如图2-26）；而增（加）湿器因为在增加空气湿度方面的特殊功效，在我国的北方地区有着广阔的市场（如图2-27）。

图2-23 台灯 / HAY

图2-24 TANGO休闲椅 / Narbutas International, Vilnius, Lithuania

图2-25 LED LENSER H14 LED头灯 / Zweibrüder Optoelectronics GmbH & Co. KG / 德国

图2-26 抽湿机 / 格力电器

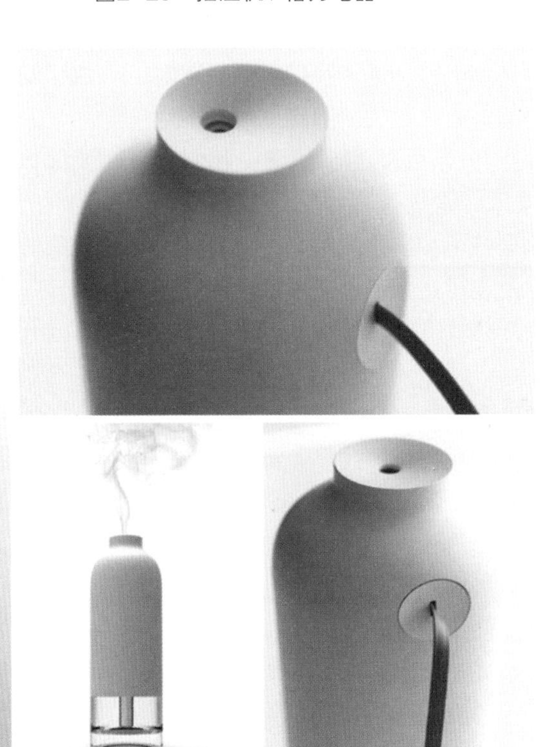

图2-27 Bottle Humidifier 加湿器 / Yeongkyu Yoo

(2) 技术与产品设计

①技术的概述

技术本质上是人类生存与发展的方式。它从诞生之初，就体现出推进人类物质文明进步、保障人类生存和发展的价值。火的发明，使人类掌握了抵御寒冷的武器，扩大了人类的活动时空；农耕技术的发明，使人类开始有了相对稳定的衣食来源，并进而带动物资交换、社会组织等文明形态的出现，由此，自然人开始演变成社会人；蒸汽机的发明与使用，纺织机等工作机械的发明与改良，拉开了工业社会的序幕；电动机的发明，电力的使用，又将人类带入电气化时代；信息技术的出现，不仅将人类带入信息社会，而且还推进了经济全球化和知识化的进程。我们完全有理由相信，正在酝酿的生物技术革命及其资源化、市场化和产业化，所带来的影响可能会与信息技术的影响同样广泛和深远。

从技术的发展历程，人们总结出：技术是指人类为了满足社会需要，遵循自然规律，在长期利用、控制和改造自然的过程中，积累起来的知识、经验、技巧和手段，是人类利用自然、改造自然、创造人工自然或人工环境的方法、手段和技能的总和。技术要素按其表现形态，可以分为以下三类：第一，经验形态的技术要素，它主要指经验、技能等主观性的技术要素；第二，实体形态的技术要素，它主要指以生产工具为主要标志的客观性技术要素；第三，知识形态的技术要素，它主要指以技术知识为特征的主体化技术要素。

②技术与产品设计的关系

技术进步是产品发展的推进器，带来产品的更新换代。现代产品设计以工业革命带来的机械化大批量生产为前提，经历电气化、自动化到以智能化为特征的今天（如图2-28、图2-29），发生了巨大的变化。随着信息技术的加速发展、3D打印技术的深度应用以及AR、VR、MR、AI技术的推广，这种变化甚至会以颠覆性状态呈现。

如图2-30的bioLogic / 会呼吸的衣服进一步说明了这一问题：在这个知识爆炸的时代，设计不是孤立的元素，而是和科学、艺术融合在一起。该项目就是由科学家、工程师、艺术

图2-28　智能家居 / 筑好家

图2-29　智能家居客厅体验场景 / 创维厨电

图2-30　bioLogic会呼吸的衣服 / 姚力宁（MIT），理念构想、交互设计及制造方法；王文（MIT），生物科技及材料科学；王冠云（ZJU），工业设计及制造方法；Helene Steiner（RCA），交互设计；郑庆一，计算方法与设计模拟（MIT）；欧冀飞（MIT），概念设计及制造方法；Oksana Anilionyte（RCA），时尚设计；Hiroshi Ishii教授（MIT），方向指导

家、设计师等一起努力完成。该团队在试验中发现纳豆细菌会随着外部环境湿度变化吸水或放水，从而使自身体积膨胀或收缩。因此我们利用该种材料制成生物薄膜，并将其与面料结合，制作了这件会呼吸的衣服。该衣服的神奇之处在于，衣服上的鳞片能够自动感知皮肤温度和湿度，当身体发热、出汗时能迅速做出响应，通过自动的开合，达到最佳的透气性，从而保持体温处于最舒适的状态。这个项目表明未来的设计将融合最前沿的科技，以科技引领未来的产业转型。

这里再用计时器进行举例，日晷和漏刻都是古代常用的计时器，日晷由晷针和晷盘构成，使用的时候离不开阳光；漏刻由漏壶和标尺两部分构成，漏壶用于泄水或盛水，前者称泄水型漏壶，后者称受水型漏壶。标尺用于标记时刻，使用时置于壶中，随壶内水位变化而

图2-31　日晷和漏刻　图2-32　机械钟 / 北极星　图2-33　Patrimoy Traditionelle 传承系列陀飞轮手表 / Vacheron Constantin

图2-34　商务系列石英表 / ROSSINI

图2-35　电子表 / 百圣牛

图2-36　智能手环 / 小米

上下运动。漏刻因为储水和平衡水滴速度的需要，就形成了这么大型的一组相对复杂的计时机构（如图2-31）；机械钟以弹簧为动力驱动指针的转动实现计时，实现了造型上的颠覆（如图2-32）；零部件的小型化、精致化造就了怀表、手表的出现，满足了人们即时掌握时间的需要，陀飞轮技术的应用，克服了地心引力和纬度变化对手表机械运行带来误差的影响，将手表计时的精确度大幅度提高，高端手表从此进入一个精致奢华的新境界，陀飞轮成了奢侈品的代名词（如图2-33）；石英计时，由电池提供能量到集成电路和一个石英谐振器，发出计时脉冲，再驱动永磁步进电机带动机械指针显示时间，优点是计时的精确度高，是一种半机械设备（如图2-34）；电子表是用电子计时芯片制作，以7段液晶数码显示时间的手表（如图2-35）；智能手表的工作原理主要是将手表内置的系统全部智能化，然后搭载智能手机系统连接到网络，实现智能手表的多功能化（如图2-36）。

（3）材料工艺与产品设计

①材料工艺的概述

在人类造物历史中，人们总是在不断地发现、发明新的材料，并用他们来创造我们周围的一切。材料应用的发展是人类发展的里程碑。人类的文明曾被划分为石器时代、铜器时代、铁器时代等。从古代的传统材料陶器、铁、铜、钢、青铜到现代使用的塑料、尼龙、复合性材料等的使用，从新型纳米材料产生到生物原材料的利用、太空材料的研制等，都给人们的生活带来了巨大的变化。在人类文明的进程中，材料的发展经历了纯天然材料阶段、火制人造材料阶段、合成材料阶段、复合化材料阶段、智能化材料阶段。

现在的材料种类繁多，有不同的分类方法，按物理化学属性分为金属材料、无机非金属材料、有机高分子材料和复合材料。按用途分为电子材料、宇航材料、建筑材料、能源材料、生物材料等。实际应用中又常分为结构材料和功能材料。

材料因性能特征的不同，与之相适应的加工工艺也存在着很大的差距。例如：金属材料的加工工艺有铸造，锻造，焊接，热处理及切削加工等。塑料加工时所处的物理状态不同，加工手段也有所不同，当塑料处于玻璃状态时，可采用车、铣、刨、钻等机加工方法；当塑料处于高弹状态时，可采用热冲压、弯曲、真空成型等加工方法；当塑料被加热致黏流状态时，可采用注塑、挤出、吹塑等成型工艺加工。进行产品设计时应正确选择材料、应用材料，并恰当地选择成型加工工艺。

材料的加工工艺会随着科技的发展而体现出新的工艺特征。如用锯末和塑料微粒加工而成的复合木材，虽然归于木材系列，但是它的加工工艺使用的就是挤出成型工艺，更多地体现出塑料材料的工艺特征（如图2-37）。

②材料工艺与产品设计的关系

随着人类对材料组织结构的深入研究，宏观规律与微观机制的紧密结合，进一步深刻地揭示了材料的本质，并采用了相应的新工艺、新技术、新设备，从而创造出种类繁多、性能更好的新材料。由于高性能结构材料等新材料的不断创新和广泛应用，促使新产品技术开发方向从“重、厚、长、大”型向“轻、薄、短、小”型转变，即向着体积小、重量轻、省资源、省能源、高附加值、提高工作效率、降低成本和增强市场竞争能力的方向发展。

图2-37　复合木材

新材料新工艺的出现带来产品设计的变革。例如研制于1959-1960年、著名的潘顿椅是世界上第一把用一次性模压成型工艺制作的玻璃纤维增强塑料椅，使椅子的造型有了颠覆性的改变（如图2-38），这得益于塑料材料的出现。又如3D打印技术是快速成型技术的一种，又称增材制造，它是一种以数字模型文件为基础，运用粉末状金属或塑料等可黏合材料，通过逐层打印的方式来构造物体的技术，它的出现突破了传统制造工艺对于形态高度复杂的产品的制造瓶颈，使产品的造型出现更多的可能性。3D打印工艺具备一体成形的特点，产品无须组装，可减少劳动力成本，无须模具，缩短交付时间，制造技能门槛降低，适合批量小、造型复杂、需要定制的产品（如图2-39）。

（4）人机关系与产品设计

①人机关系的概述

人机关系是人在使用物品时，物品与人产生的一种相互的关系，这种相互的关系称为人机关系。人机关系中的“机”包括各种各样的工具、仪器、仪表、设备、设施、家具、交通车辆以及劳动保护用具等。良好的人机关系包括如下四大目标。

第一，高效：在设计中，应把人和机作为一个整体来考虑，合理或最优地分配人和机的功能，以促进二者的协调，提高人的工作效率。同时，减少人机环境中的一些因素，如温度、湿度、噪声、照明、振动、污染和失重等对使用效率的影响。

第二，健康：指人在操作或使用产品的过程中，产品对人的健康不会造成不良的影响。

第三，舒适：是指人在使用产品的过程中，人体能处于自然的状态，操作或使用的姿势能够在人们自然、正常的肢体活动范围之内，从而使人不致过早地产生疲劳。心理上的舒适感受也是人机关系应当考虑的目标。

第四，安全：指人们在操作和使用产品的过程中，产品对人的身体不构成生理上的伤害，产

图2-38　潘顿椅 / Verner Pantor / 丹麦 / 1960

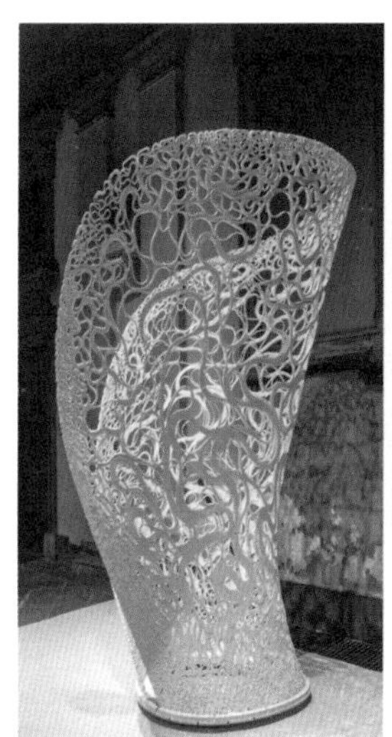

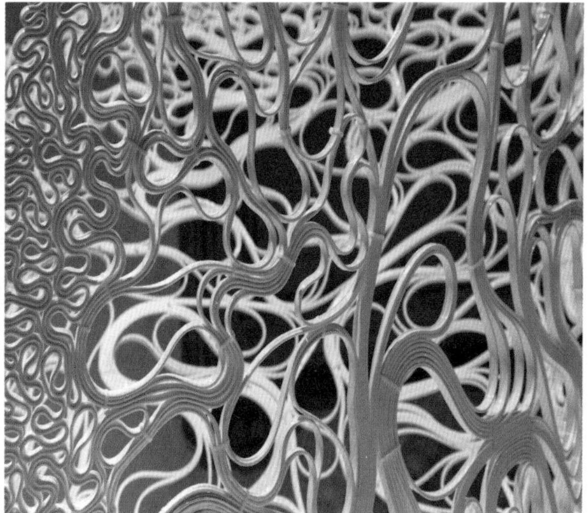

图2-39　Thallus项目 / 扎哈・哈迪德建筑师事务所

品与人接触的部分不允许有尖角和锋利的边槽，易产生危险的地方应进行安全保护设计，其目的是避免操作者和使用者产生因作业而引起的伤害甚至伤亡。

②人机关系与产品设计的关系

人机关系为产品设计提供理论依据，为达到高效、健康、舒适、安全的目标，实现合理的人机关系，设计师在设计时要做到如下几点。

第一，考虑到普通人群和特殊人群。现在大多数产品是为了普通人群设计的，设计参照的标准是依据普通人群的数据确定的。但是特殊人群也是社会的重要组成部分，他们往往有着独特的需要。所以在进行通用产品设计时，应尽量让产品适合更多的人使用。如设计时应充分地考虑特殊人群的特点和需要：能满足残疾人使用需求的无障碍卫生间（如图2-40）。

第二，考虑静态的人与动态的人的关系。人们使用产品时常处于动态和静态两种状态之中，因此，设计的产品不但要符合人体静态的尺寸，也要符合人体的动态尺寸。要让人在使用它时，能够方便施力、有足够的空间等。这样的设计有利于减少人体疲劳，提高效率，满足健康、舒适的要求。例如耐克运动手表将运动与时尚有机结合，倾斜的字体大号数字适合跑步时阅读，新的设计成功地将产品定位为每个人都应该拥有的时尚配件，以此打开目标市场过窄的局面，吸引跑步爱好者以外的更广泛人群。2008年春季上市以来，Triax系列年销售量200万只（如图2-41）。

图2-40　无障碍卫生间 / kolociebie

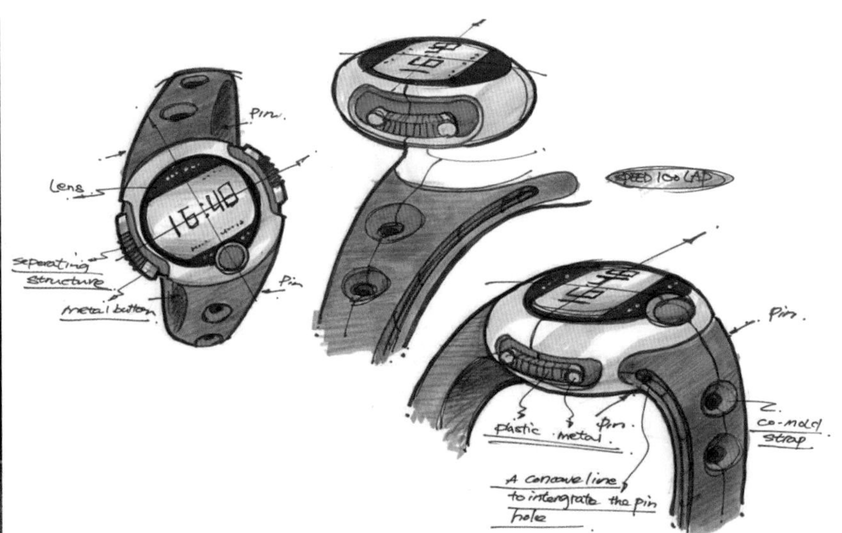

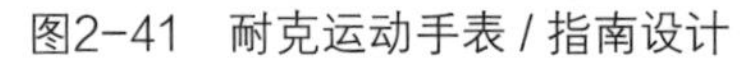

图2-41　耐克运动手表 / 指南设计

第三，满足人的心理需求和生理需求。设计中的人机关系，不仅要满足人的生理需求，而且要满足人的心理需求。产品的形态、色彩、材质等都会对人的心理产生影响，视觉、听觉、触觉、味觉等都影响人的心理感受，如果能在设计中注意满足人在这些方面的心理需求，就可以将人机关系处理得更好。例如：智能家电产品系列Kakao Friends Homekit中的云朵体重计，是一件从人的心理需求出发设计的有趣作品，云朵造型来自人们对于轻盈体态的向往。站上白色的云朵形状上称体重，瞬间多了趣味，少了点担忧紧张的心情（如图2-42）。又如Forest笔架上有一群动物，放置在笔架中的文具成为森林的一部分，通过美学和功能性的完美结合，让用户和物体之间产生情感的共鸣，为平凡的办公桌增添了生机和个性（如图2-43）。

第四，信息的交互。人与产品的互动过程就是人与产品之间信息传递的过程：即人机之间运用信息语言交流的过程。改善信息传递的途径能够获得更好的人机关系。如图2-44的杭

图2-42　云朵体重计 / Nendo设计事务所 / 佐藤大

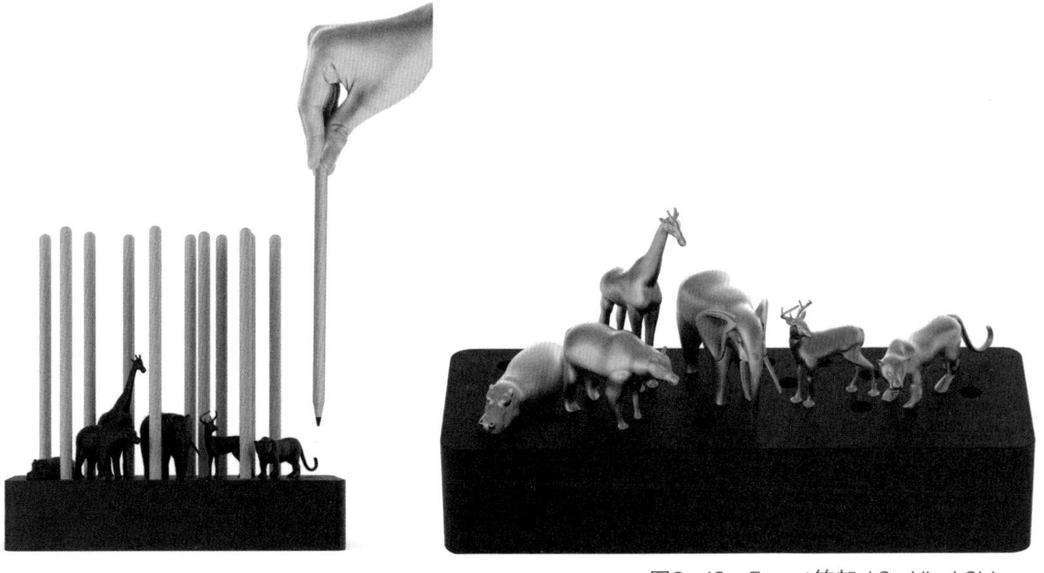

图2-43　Forest笔架 / Se Xin / China

图2-44　D6感知深度智能马桶 / IKAHE / 杭州力普工业设计有限公司设计

州力普工业设计有限公司设计的D6感知深度智能马桶，对“智能”马桶进行了重新定义。凭借突破性的智能语音功能、精确的厘米级微波感应、巧妙的指纹识别系统，用户可以轻松定制水温、水压、座温、干燥温度、喷雾位置，创新的独立液压控制系统，解决了高层水压低的问题，让产品与人的交互界面更舒适易用。

3. 生活用品设计常用的处理手法——系列化设计

产品系列化设计是指设计师运用一定的设计手法，对同一企业同一品牌或同一种类的不同产品进行系列化的规范化处理，使之形成一种形象相似的家族化特征，以加强消费者对产品的识别与记忆。

（1）产品系列化设计的类型

产品系列化设计是基于对产品设计相关因素的综合考虑而采取的主动设计处理手法。它直接影响产品的最终形态特征。产品的系列化设计可分为理念系列、概念系列、功能系列、形态系列、尺寸（模数）系列、色彩系列、材料系列、装饰图案系列。各种系列化类型并非孤立存在的，有时几种类型会同时出现在系列产品上。

①理念系列

理念系列是指在企业明确的经营理念的指导下，在产品发展过程中所体现出来的比较稳定的风格特征或独特的价值导向，被称之为理念系列。

对大多数企业来说，系列产品的核心就是企业内部产品设计风格的延续，而真正决定这种产品设计风格的是企业明确的经营理念，它来源于企业文化的定位、产品自身历史形态的概括及消费者对产品的定位。企业的文化指的是企业的个性：团体的共同信仰、价值观和行为。在产品设计的领域之中重要的是如何理解企业的发展过程，不同企业表现出的气质也会有不同，对设计师而言，能否把握住这种气质自然也影响着产品的成败。在这里以B&O为例（如图2-45、图2-46）。B&O是丹麦一家生产家用音响及通信设备的公司，也是丹麦最有影响、最有价值的品牌之一，在国际上享有盛誉。今天的B&O产品已成为“丹麦质量的标志”，在20世纪60年代B&O提出了“B&O：品位和质量先于价格”的产品理念，奠定了B&O传播战略的基础和产品战略的基本原则，并于60年代末就制定了七项设计基本原则：

一是逼真性：真实地还原声音和画面，使人有身临其境之感；
二是易明性：综合考虑产品功能，操作模式和材料使用三个方面，使设计本身成为一种自我表达的语言，从而在产品设计师和用户之间建立起交流；
三是可靠性：在产品、销售以及其他活动方面建立起信誉，产品说明书应尽可能详尽、完整；
四是家庭性：技术是为了造福人类，而不是相反。产品应尽可能与居家环境协调，使人感到亲近；
五是精练性：电子产品没有天赋形态，设计必须尊重

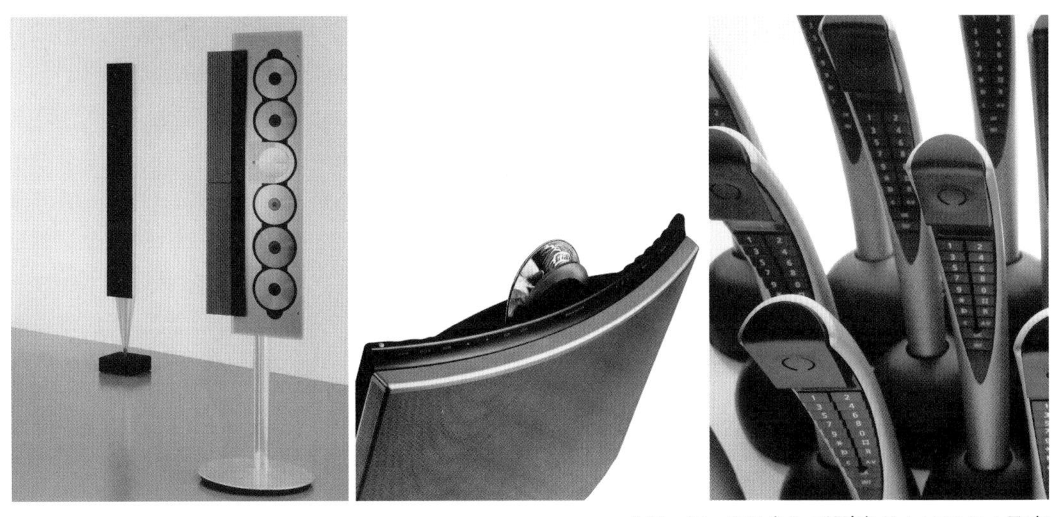

图2-45 “理念”系列产品1 / B&O / 丹麦

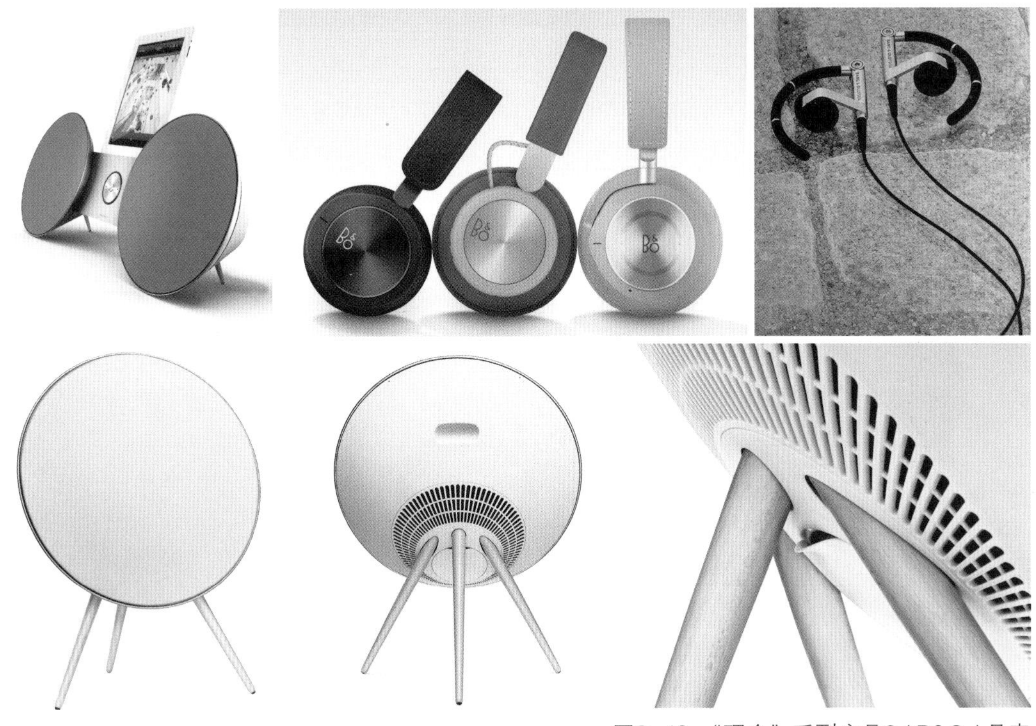

图2-46 “理念”系列产品2 / B&O / 丹麦

人机关系，操作应简便。设计是时代的表现，而不是目光短浅的时髦；

六是个性：B&O的产品是小批量、多样化的，以满足消费者对个性的要求；

七是创造性：作为一家中型企业，B&O不可能进行电子学领域的基础研究，但可以采用最新的技术，并把它与创新性和革新精神结合起来。

B&O公司的七项原则，使得不同设计师在新产品设计中建立起一致的设计思维方式和统一的评价标准。另外，公司在材料、表面工艺以及色彩、质感处理上都有自己的传统，这就确保了设计在外观上的连续性，形成了质量优异、造型高雅简洁、操作方便的B&O风格，体现出对高品质、高技术、高情趣的追求。

②概念系列

在同一概念前提下所完成的相关产品，被称之为概念系列。

例如飞利浦“新游牧民族”系列产品设计，就是围绕

“新游牧民族”这一概念，在科技高速发展、信息全球化的前提下，让产品体现便携式与个性化，使电子产品与衣物进行完美的结合，更方便消费者在移动等动态过程中体验生活的便捷。

我们对游牧民族的惯有认知是一群带着牛、羊、马逐水草而居的牧民。而现在，交通与科技的进步改变了现代人移动的方式及工作的模式，现代的新兴游牧民族也因此产生。这群人来自四面八方，拥有不同文化背景，却因为经济、政治或休闲等不同因素自愿或非自愿地在全球不同时区工作、旅行。在网络上，现在流行的新游牧民族是泛指那些带着个人笔记本电脑，逐心情、电源、网络而居的IT使用者。在飞利浦“新游牧民族”系列产品设计研发中，设定的使用对象大多是在移动中需要使用IT产品的人，如运动员、户外探险者、空姐、DJ等。为了在移动中使用IT产品更加方便，飞利浦公司这套“新游牧民族”的智能织物，将各种相关的电子器件镶嵌、封装到纺织物上，甚至真正地植入纺织物里，从而使电脑等电子设备真正像衣服一样穿在身上。飞利浦公司的这项技术，可以将身份识别芯片、微处理器、传感器和连接器、MP3播放器等产品封装到纺织品中，甚至在洗涤、烘干过程中可以不把它们取出。除了使芯片尺寸更小外，这种新技术主要体现在芯片的封装上，即用银材料包装好铜线，再用聚酯材料使其与外界绝缘。

飞利浦“新游牧民族”个人电子通信产品虽然品种多样、形态丰富，但因为是在同一概念的前提下，围绕同一个需要解决的问题而展开设计，最终的形态都体现出共通的特性，形成一种概念上的系列感（如图2-47）。

图2-47 “新游牧民族”概念系列产品 / PHILIPS / 荷兰

③功能系列

在特定前提条件下，将功能相关联的产品进行系统性的整合，使它们在操作、放置、工艺、材质以及造型特征等方面体现出整体的优势和特色，被称之为功能系列。

在欧洲的一些系列产品的设计里面有不少功能系列的案例，像德国LOEWE的家庭影院组合的设计就是其中一个。它将电视机、DVD、Hi-Fi音响、中心遥控器和组合电视机柜进行整体的规划和统一的设计，并结合家居环境和家具的材料和工艺特点，将这些关联的产品在形态和色彩方面处理成一个有机的整体。消费者再也不用为给电视机搭配合适的组合音响以及选配恰当的电视柜而费心了，LOEWE为客户提供了简单而精彩的整体解决方案（如图2-48）。

功能系列化设计表现在两个层面，其一是将功能关联的产品要素之间进行系列化设计，例如品牌电脑的相关产品：在显示器、主机、键盘和鼠标的设计中表现得比较突出，各部分之间存在着明显的共性特征，例如：小猴工具与米家联手推出的指甲刀五件套（如图2-49）。其二是表现在产品与使用环境的关系处理之中，使产品和家居环境在形态上更具协调性，例如整体厨房的设计。

④形态系列

以相同的一个和多个存在着紧密关系的形态要素来进行产品之间的关联处理，所形成的系列关系，被称之为形态系列。

例如阿莱西出品的The Chin Family清宫系列产品，设计师的创作灵感来自参观故宫时所见的一幅清代乾隆皇帝年轻时的画像，设计师根据画像设计出一个眉眼细长、头戴清代官帽、身着清代服饰的吉祥人偶厨房产品，并衍生出King Chin、Queen Chin、Mr. Chin、Mrs. Chin为主角的系列用品：胡椒研磨器、胡椒盐罐组、定时器、蛋杯、钥匙链、手机链、酒塞等，这样的设计既跨越东西文化，又象征新旧交融（如图2-50）。

图2-48　家庭影院组合 / LOEWE / 德国

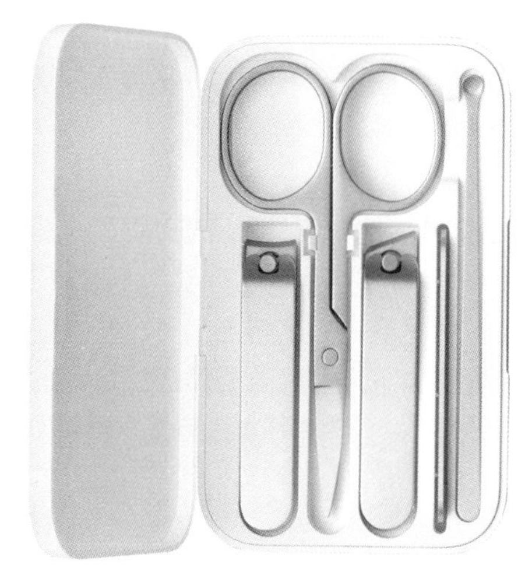

图2-49 指甲刀五件套 / 小猴工具&米家

重复使用某个或某些风格相近的形态，进行平面或立体多种形式的演绎，以强化、加深此形态在人们心中的印象，是形态系列化设计惯用的手法。形态系列化设计多用于日用品、玩具等功能简单、科技含量不高的产品。

⑤尺寸（模数）系列

通过一定的尺寸比例和形态关系的处理，达到产品之间在尺度方面的共享与通用或方便产品不同形式的组合排列所形成的系列关系，被称为尺寸（模数）系列。

尺寸（模数）系列设计实现的关键是要使形态的尺度符合某种数列关系、使形态具有多种组合的可能性。比如在办公家具的设计中，桌面的尺寸一般是600mm × 1200mm、700mm × 1400mm、800mm × 1600mm的基本尺寸，它们中间都存在一个1：2的模数关系，为丰富的组合提供了可能。如图2-51，中国台湾设计师设计的Back to Bed家具，通过模数关系来适应共享空间和多功能空间的需求。有了这把沙发，就可以将空间重新组织和重新定义，从带有优雅躺椅的办公室到舒适的卧室。将四张沙发椅组合成一张双人床后，它也恢复了汉字“回”的内在美，意为“回去”。根据用户的需求，还可以将手枕和靠背添加到沙发上，黄铜旋钮附在椅子侧面下方，以替代传统的金属连接器，旋钮上连接有橡皮筋或硅胶带，由于它们的弹性，它们可用于将椅子固定在一起以形成不同的形式或满足多种功能，例如3人座沙发、L形沙发、单人床或双人床。BACK TO BED的模数化设计使产品充满了可能性，可以自发重新配置，使其适应用户偏好和空间样式中的变量。

又如：由中国房地产及住宅研究会、住宅设施委员会主编的建设部行业标准《住宅厨房家具及厨房设备模数系列》规范了各种厨房家具、柜体、厨具、五金制品的模数尺寸，使住宅整体厨房与厨房建筑空间尺寸相互协调，以达到厨房内部建筑空间、各种设备与柜体尺寸的协调，有利于促进厨房家具和厨房设备的配套性、通用性、互换性和扩展性，从而实现制造业和建筑业的有机衔接。

图2-50 The Chin Family清宫系列产品 / 阿莱西

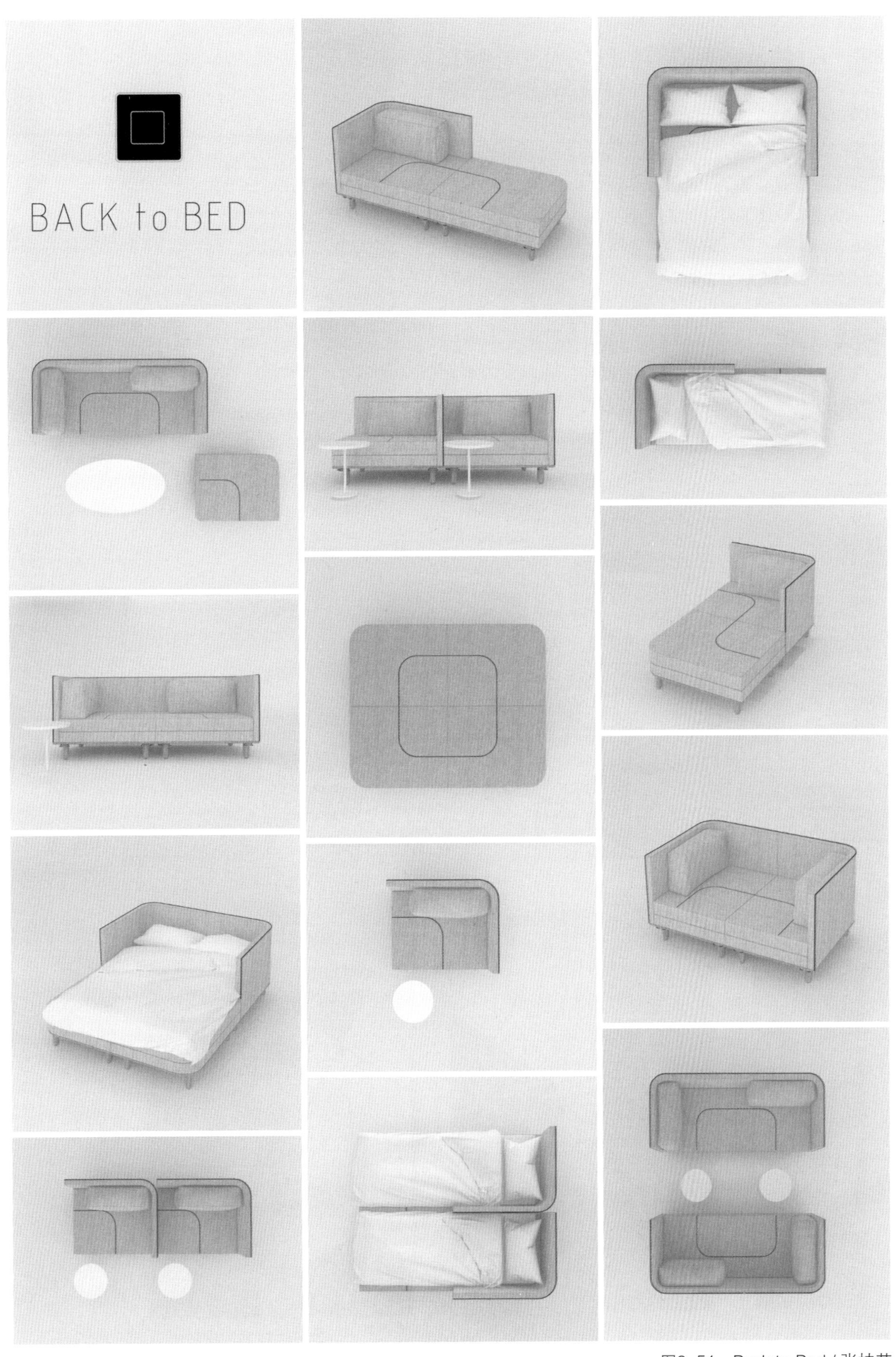

图2-51　Back to Bed / 张桂芳

⑥色彩系列

通过不同颜色的选用，使同一产品具备多种视觉形象，这种通过对产品的表面色彩进行差异化处理所形成的系列关系，或在关联产品中通过相同色彩的运用所形成的系列关系，称之为色彩系列。色彩系列关系的案例很多，在家具、灯具等生活用品和个人电子产品上都有广泛的运用（如图2-52）。

⑦材质系列

通过相同材质的选用，在功能相关联的产品之间所形成的系列关系，或通过不同材质的选用，使同一产品具备多种视觉形象，称之为材质系列。如水泥再造之美（如图2-53）；又如土耳其设计师Yilmaz Dogan设计的Patchwork桌子（如图2-54）。

图2-52 Orgone Chair系列产品 / 马克・纽森 /1993

方圆・水泥系列文具用品

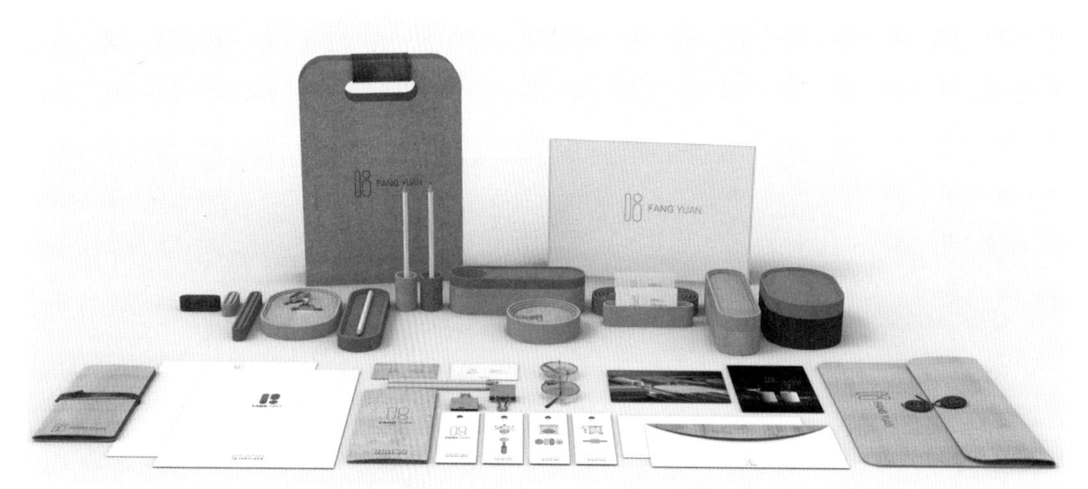

图2-53 水泥再造之美 / 广东轻工职业技术学院 张晓华 / 杨淳指导

图2-54 Patchwork桌子 / Yilmaz Dogan / 土耳其

⑧装饰图案系列

通过相同图案要素的运用，在关联产品之间所形成的系列关系，被称之为图案系列。例如采用相同图案进行表面装饰的Kenwood小家电系列（如图2-55）。图案系列在器皿、餐具中也比较常见（如图2-56、图2-57）。

（2）产品系列化设计的步骤

系列化在生活用品中得到广泛的应用，系列化的设计是设计师在工作中经常遇到的内容之一。系列化设计的步骤如下。

第一，首先要区别系列化的类型；
第二，确定系列化的基本特征要素；
第三，将特征要素转换成形态设计的语言要素；
第四，在产品形态处理上恰当运用形态语言要素体现系列化特征。

图2-55　小家电系列 / Kenwood

图2-56　器皿与杯具 /Josef Hoffmann

图2-57　葡萄酒酒具 / Josef Hoffmann

这里以东巴文字系列蜡烛台的设计为例进行说明。

东巴文字系列蜡烛台的设计方案是丽江旅游纪念品开发设计的内容之一。丽江因为独特的东巴文化和少数民族风情闻名于世，其中东巴文字是当今世界唯一活着的象形文字，古朴亲切、形象生动，有着独特的唯一性和很强的纪念性。以东巴文字为要素进行的系列化设计，属于概念系列，只要是形象恰当的东巴文字都可以成为创意的要素。

作者选择了东巴文字中的“担、烤火、举”三个文字为要素。

这些象形文字的图形化特征，为产品的形态设计提供了良好的基础。作者只进行一些简单的处理就完成了烛台的形态设计工作。

然后，作者通过形态要素的统一和相同材质的处理来强化产品形态的系列化（如图2-58）。

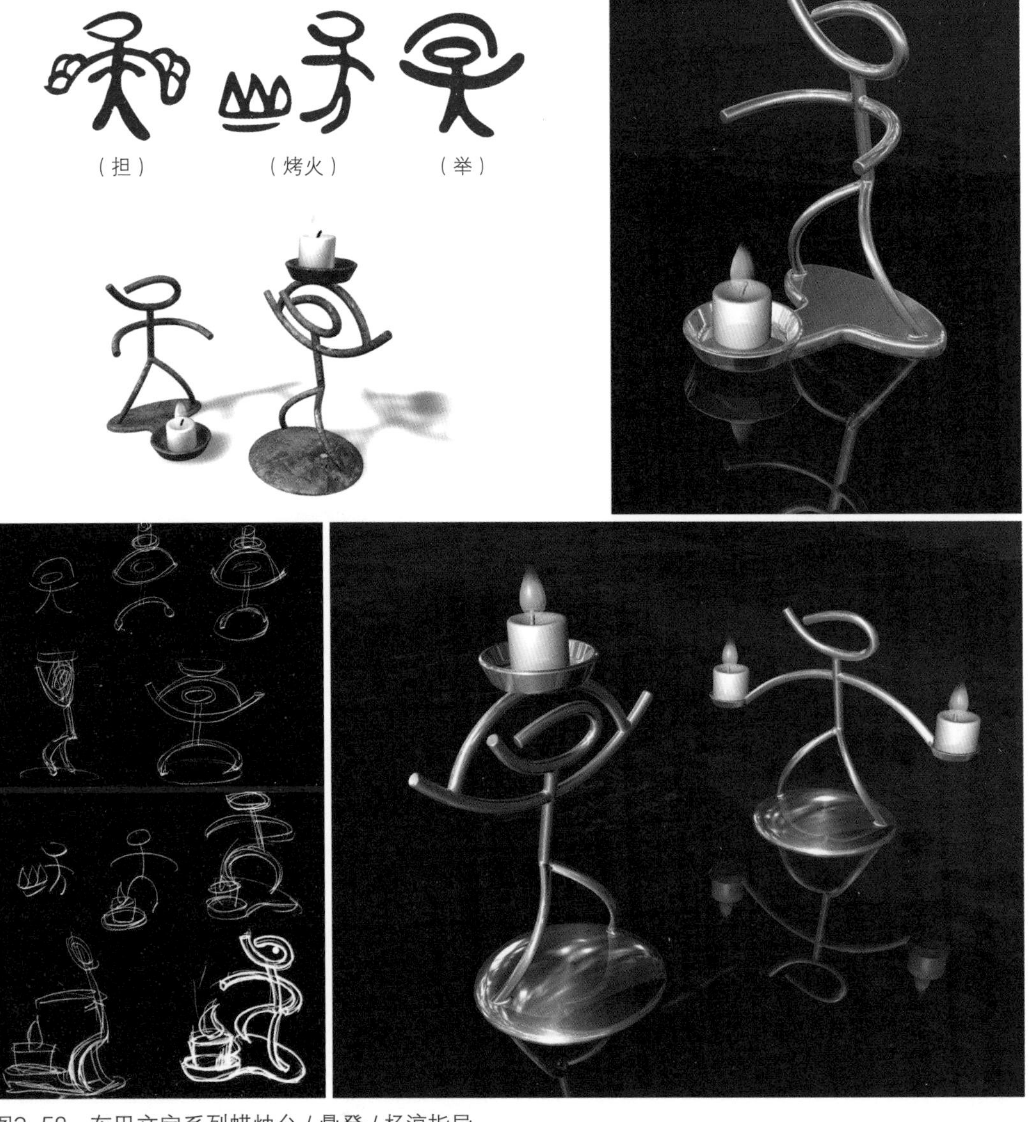

图2-58　东巴文字系列蜡烛台 / 鼎登 / 杨淳指导

五、实战程序

本章节的“奶爸爸冲奶机”项目属于生活用品类的实战案例，由广东东方麦田工业设计股份有限公司提供。东方麦田是一家处于D3.0-D4.0阶段的设计企业，有全套成熟的产品设计工作方法与程序，称之为产品全生命周期创新管理十大流程，比一般设计公司的作业流程和大学课堂的教学，在内容上要更丰富、完善，更具实践操作性。其流程中的“研究分析、产品策划、概念发散”部分与前章所说的“概念设计”相对应，“产品原型构建和产品设计”与前章所讲的“造型设计”相对应，“产品开发和生产制造”的部分内容与前章所说的“工程设计”相对应，“生产制造的大部分内容、推广策划、终端呈现和价值传播”属于产品生产制造与市场营销、品牌推广的范畴，国内目前的产品艺术设计（工业设计）专业课程中一般都尚未涉及。本书对此进行完整呈现，是希望增加学习者对设计实践一线真实项目完整实战程序的认知。

接下来的教学就以该项目为载体，结合东方麦田“产品全生命周期创新管理十大流程框架”，将各任务中的代表性教学内容进行对应说明。总学时建议为96，分10个任务流程（如表2-2）。

1. 任务一：研究分析（14学时）

核心价值：把握趋势，洞察需求。

通过系统地研究与分析市场及用户，准确判断市场行情，把握行业发展趋势，洞察用户真实需求。

（1）子任务1：信息采集（8学时，保证信息的真实性、广泛性、新颖性）

①实训目的

A. 培养学生有效收集、整理市场信息资料的能力（行业国家政策、市场容量、行业格局、品牌及产品详细信息）；

表2-2 产品全生命周期创新管理十大流程框架

产品创新管理流程 价值描述	1 研究分析	2 产品策划	3 概念发散	4 产品原型构建	5 产品设计
	洞察需求 1.1 信息采集 1.2 信息分析	构建产品策略 2.1 市场定位 2.2 产品方向	突破创新点 3.1 前期创意发散 3.2 概念提炼	核心产品 4.1 产品定义 4.2 原型制作 4.3 原型验证	创意设计呈现 5.1 创意草图 5.2 人机工程推敲 5.3 建模渲染 5.4 场景应用 5.5 创意表达 5.6 外观模型制作
	6 产品开发	**7 生产制造**	**8 推广策划**	**9 终端呈现**	**10 价值传播**
	技术实现 6.1 结构功能实现 6.2 成本评估 6.3 功能样机制作 6.4 专利布局	优良制造 7.1 模具实现 7.2 供应链整合 7.3 制造跟踪	构建推广策略 8.1 产品包装策划 8.2 品牌策划 8.3 VI 系统设计 8.4 活动推广策划	建立沟通体验 9.1 体验物料设计 9.2 视频设计 9.3 展示体验空间	准确触达用户 10.1 新品发布会 10.2 品牌推广活动 10.3 新媒体传播 10.4 整合传播

（备注：6.7.8.9.10 模块作为内容展示，辅助理解产品创新管理全流程节点及价值）

B. 培养学生通过用户研究收集用户需求信息，发现问题的能力；
C. 培养学生通过大数据及相关权威报告，发现需求及机会的能力；
D. 通过实践帮助学生深入了解市场及用户调研，并建立起相应的调研信息数据库。

②实训内容

A. 通过桌面研究，对某类用品及相关产品进行详细的国家政策、行业、市场、品牌及产品信息的搜集与整理；
B. 问卷设计，针对桌面研究的大概方向及数据，进行访谈问卷以及定量问卷的设计；
C. 实地访谈，面对面访谈及产品使用全流程拍摄；
D. 定量问卷，问卷投放及数据回收。

③工作步骤

A. 按4人一组的方式进行工作分配；
B. 通过各大网络平台或相关网站查阅资料，利用大数据平台抓取相关数据信息；
C. 实地访谈：按主持人、主持人助理、记录员、拍摄人员角色分工，与用户进行面对面访谈；
D. 建立标准及模板，将收集的信息进行整理并建立信息数据库；
E. 信息录入：访谈对象信息录入、访谈内容录入、拍摄视频切片记录、信息整理；
F. 问卷设计：针对以上结论输出进行定量问卷设计，对结论输出进行量化验证。

④课后作业

对市场信息及用户调研信息进行收集、分类、整理，制作PPT及相关数据库。
任务实施示范：如表2-3至表2-7、图2-59。

⑤思考题

产品设计师的社会责任及担当体现在哪些方面？

表2-3　市场研究　a：大数据分析——挖掘市场空间 把握行业趋势

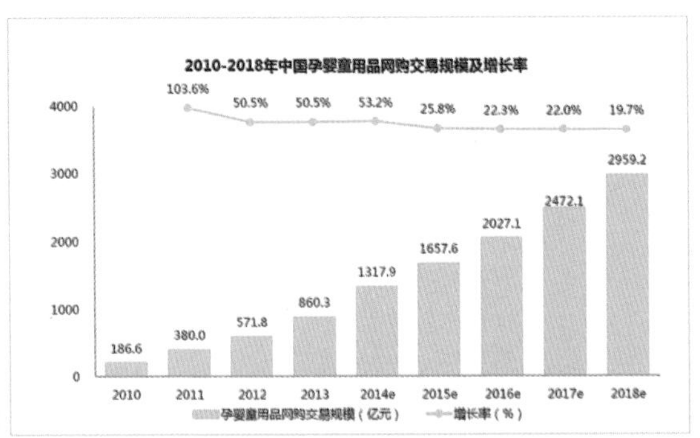

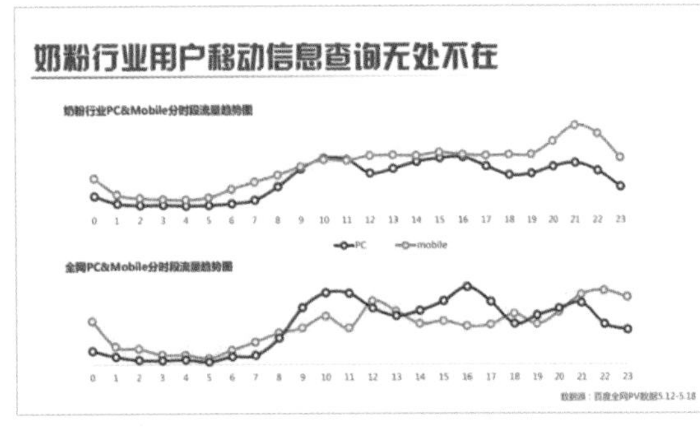

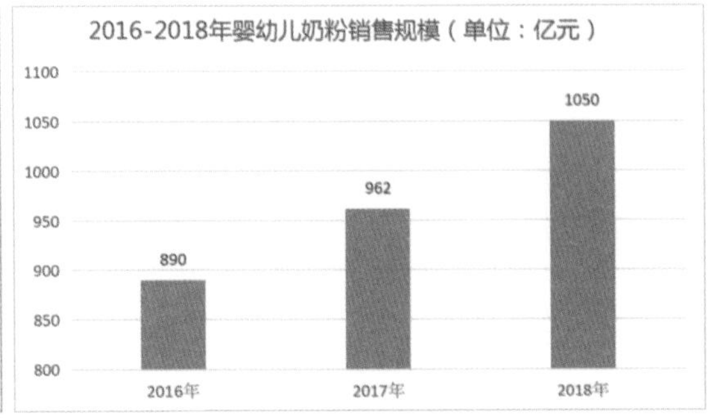

表2-4　市场研究　b：竞品产品数据对比——了解竞品产品特征

技术趋势：一般使用**加热内胆**和针对水源净化的**高效过滤滤芯**。

功能配置：多功能组合方式为主，标配冲奶兼顾消毒、水过滤以及暖奶。

名称	A品牌冲奶机	B品牌冲奶机	C品牌冲奶机	D品牌冲奶机	E品牌冲奶机	F品牌冲奶机	G品牌冲奶机
图片							
功能	储水加热 温度可调 变频恒温 机械电脑操控	储水加热 浓度可调 加热指示灯 独立外置水箱	专属胶囊奶粉系统 自动识别包装奶粉信息 智能服务（成长记录）	即热式加热 蓝牙APP操控 浓度无极可调 智能服务（成长记录）	磁化搅拌 配搭暖奶	水过滤系统 高温杀菌	消毒 加热暖奶 冲奶
尺寸	34.5*21*39CM	29*31*43CM	20*25*38CM	15.5*35.5*33CM	28*18.6*30.5CM	25*30*33CM	36*26*24CM
价格区间	835—1098元	1200—2098元	1000—2199元	998—2994元	768—1518元	1128—1500元	752—1400元
核心技术	水温探针 变频技术	自动恒温 系统	胶囊奶粉 冲调系统	即热式 加热系统	磁化 技术	高效 过滤滤芯	高温加热内胆 高温消毒

表2-5　市场研究　c：竞品产品使用——深入研究竞品产品优缺点

用户使用过程	准备	使用	清洁
A款冲奶机			
缺点	1.总开关在后方不方便开关 2.奶粉保鲜问题 3.水箱不好提，手捉的地方是否存在卫生问题 4.调整浓度需要更换部件，操作繁琐 5.白色上盖的扣合运作容易误操作	1.复杂界面，初次操作识别性低 2.奶水有可能混合不均匀 3.等待适合水温需要很长时间 4.托盘不可调节	1.夹角位过多，清洗不方便 2.水源清理较麻烦 3.使用后收纳，理线相当复杂
优点	1.架构相对合理，无需左拆右拆 2.有警报响声提示	1.带有灯光显示 2.按键提示音及对应指示灯，工作结束后有声音提示	1.立式体感易于安排空间布局
B款冲奶机			
缺点	1.总开关在后方不方便开关 2.奶粉保鲜问题 3.水箱不好提，手捉的地方是否存在卫生问题 4.调整浓度需要更换部件，操作繁琐 5.白色上盖的扣合运作容易误操作	1.无中文，初次操作不容易 2.漏奶粉严重，体现密封性差	1.分件过多，清洗不方便 2.使用后收纳，理线相当复杂
优点	1.架构相对合理，无需左拆右拆 2.有警报响声提示	1.带有灯光显示 2.按键提示音及对应指示灯，工作结束后有声音提示 3.托盘可调节	优点：体积较小易于安排空间布局

配奶，流程复杂

老人，难度加倍　　半夜，着急忙慌　　忙碌，忘记喂奶

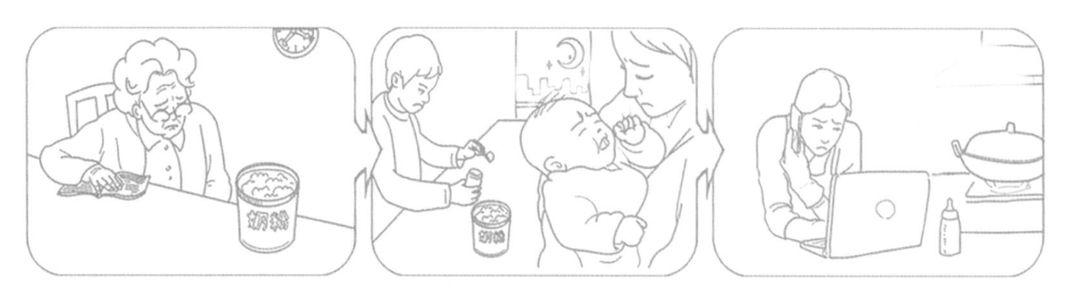

使用痛点：繁琐费时 / 不卫生 / 精准度难控制 / 无数据积累，无育儿评估

图2-59　用户研究　a：用户访谈及拍摄——挖掘用户使用痛点

表2-6　用户研究　b：问卷调研验证——定量数据呈现用户需求程度

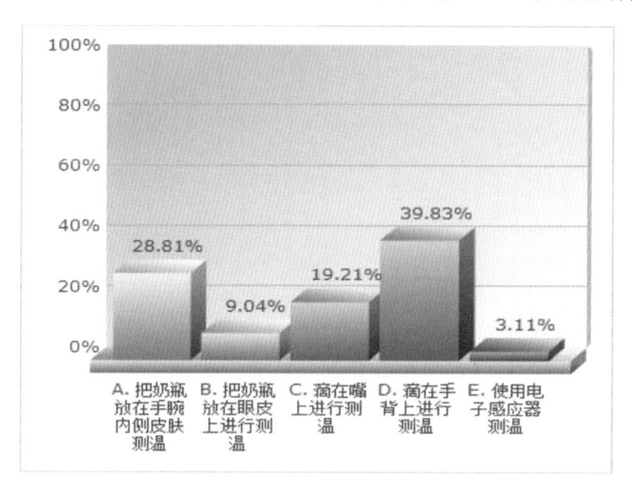

您在冲奶当中，用哪种测温方式？

您觉得放热水的快慢，对最终奶的质量是否有影响？

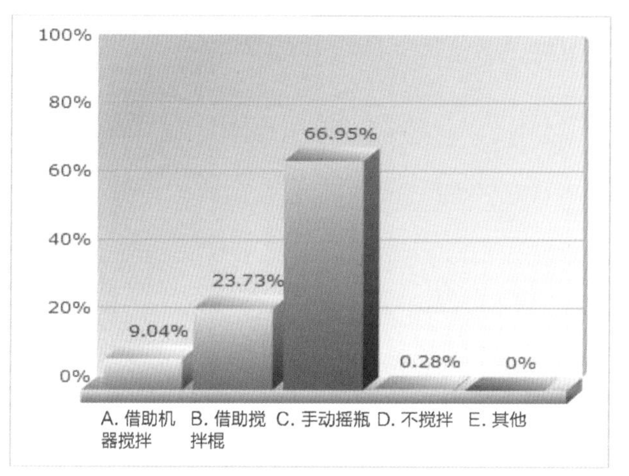

在冲奶过程中您如何搅拌奶水？

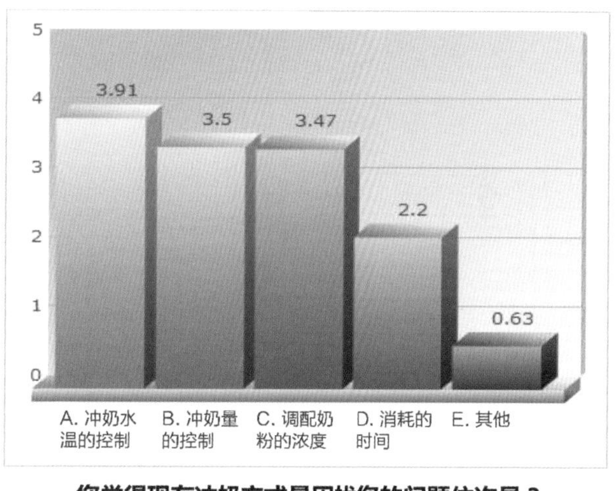

您觉得现有冲奶方式最困扰您的问题依次是？

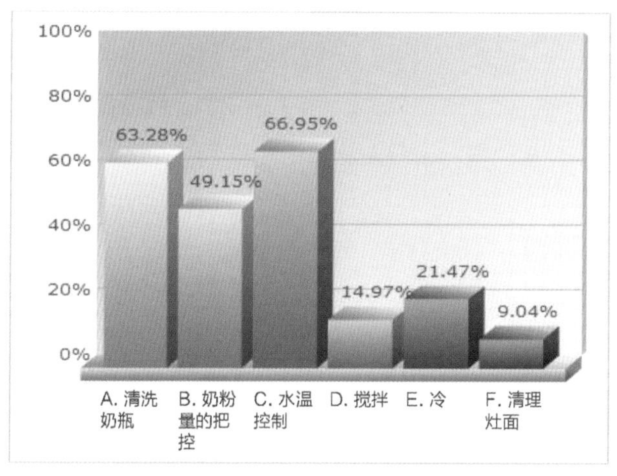

您在冲奶过程中哪个环节是最麻烦的？

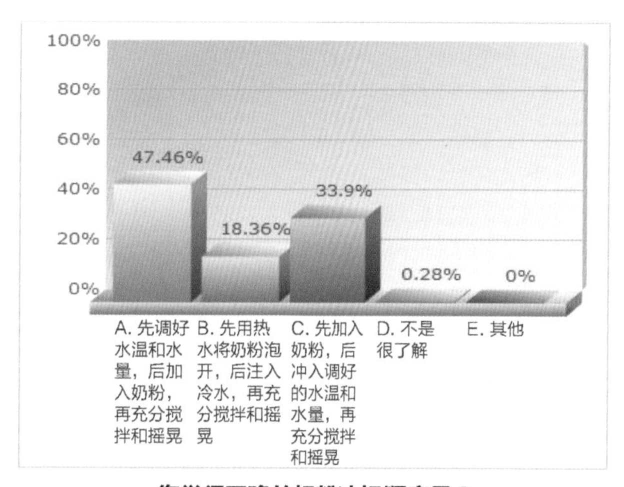

您觉得正确的奶粉冲奶顺序是？

表2-7 需求及产品对比分析——找到现有产品未满足的用户需求点

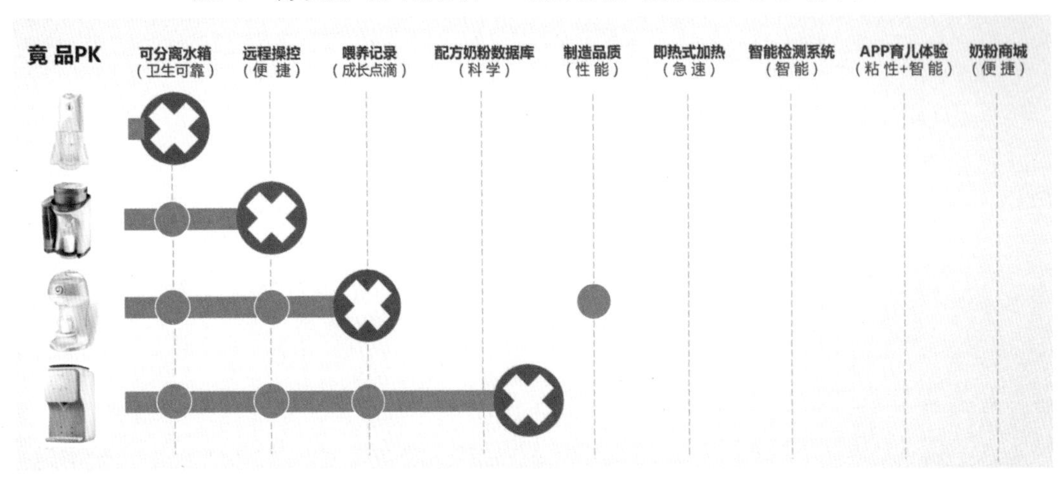

（2）子任务2：信息分析（6学时）（保证分析过程的逻辑性及对行业了解的深度）

①实训目的

A. 培养学生分析问题的能力，锻炼学生的逻辑思维；

B. 通过数据信息分析，把握行业产品发展趋势；

C. 运用科学的研究分析方法，分类别，多角度，多层级深入分析，洞察用户真实需求。

②实训内容

A. 分模块分类统计输出各模块总结结论；

B. 综合各模块分析结论，多角度，多层级汇总分析，输出总结分析报告。

③工作步骤

A. 按4人一组的方式进行工作分配；

B. 分模块分析、整理所收集资料（市场、用户、品牌、产品），并对资料进行直观图形化展示，总结输出各模块结论；

C. 汇总报告输出：对调研全流程的分析进行整合、归纳，输出完整用户研究报告，包含行业流行趋势，用户画像，用户行为地图，用户痛点需求，热点问题等。

④课后作业

对采集回收到的资料，分类进行整理分析，制作PPT及总结报告。

任务实施示范：如表2-8至表2-11。

表2-8　市场分析总结：产品外观趋势——清晰行业产品外观格局分布

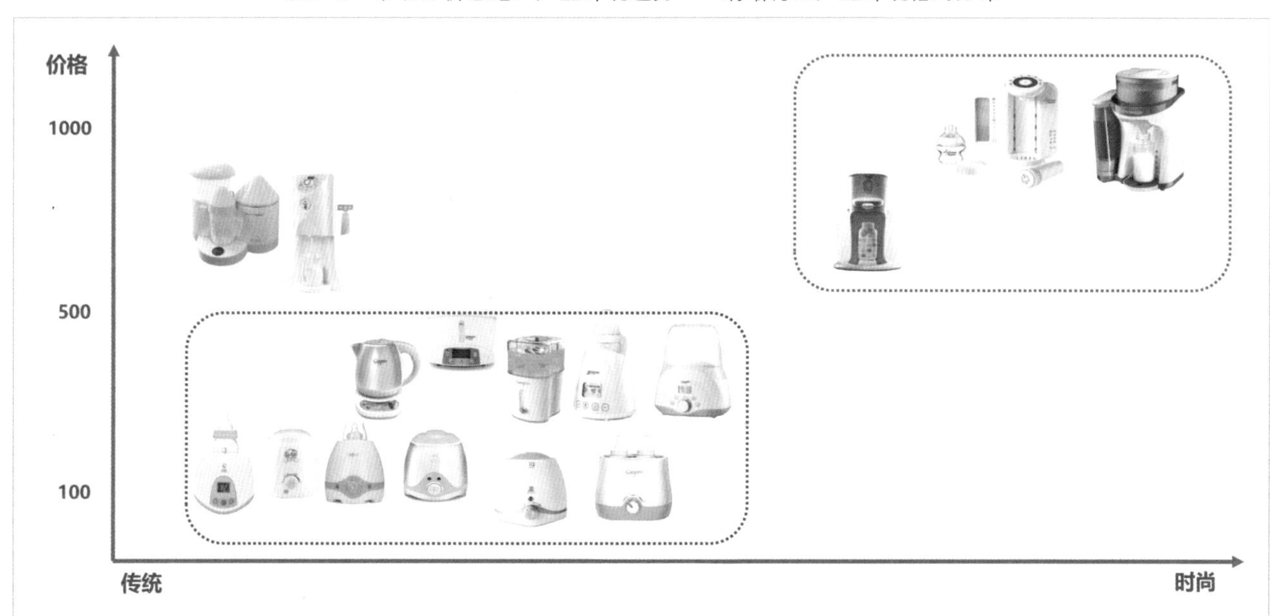

功能 功能单一的同类产品，采用的**黑白灰**为主，体现**家居感**，多功能的同类产品**色彩丰富**，效果呈现儿童化。

外观／色彩 产品定位的差异，分别有消毒功能、水源净化功能和自动冲奶功能，**同类型的产品外观差异性也不同。**

价格 竞品价格划分为两个模块区间，**纯自动冲奶功能或有过滤功能类产品**的价格区间是500~1500元，带有**保温/消毒/辅食功能的产品**价格段集中在50~500元，技术上的区别，导致了两个品类产品价格上的差异。

表2-9　用户分析总结　a：用户行为流程图——清晰产品使用流程节点关系

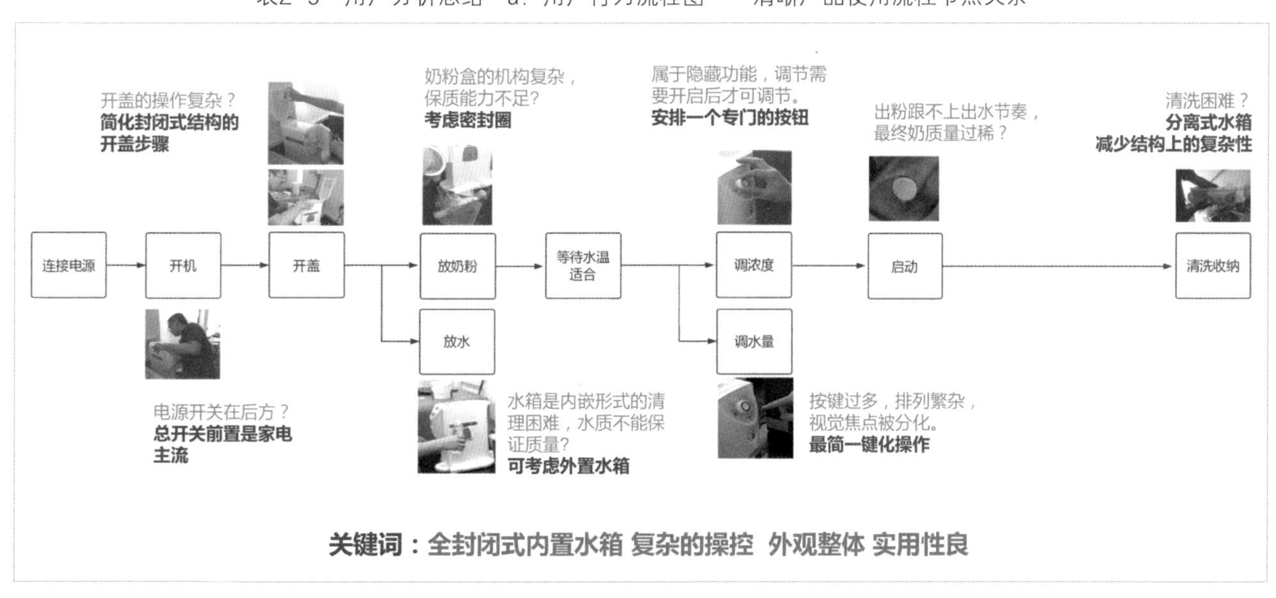

表2-10　用户分析总结　b：调研数据分析——找准用户核心需求痛点

调查数据显示：

购买意向取决于智能（定温、定量和定浓度）、方便、省时等，对于价格关注较低。

在衍生功能上，用户主要倾向于增加提醒功能、水质过滤、奶瓶消毒等。

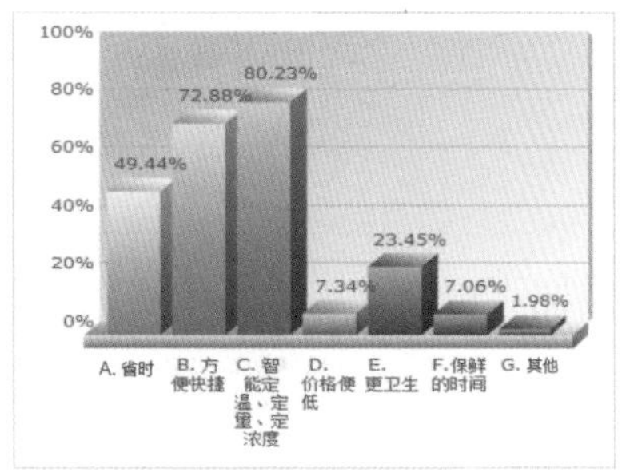

1.您购买自动冲奶机的主要原因是？

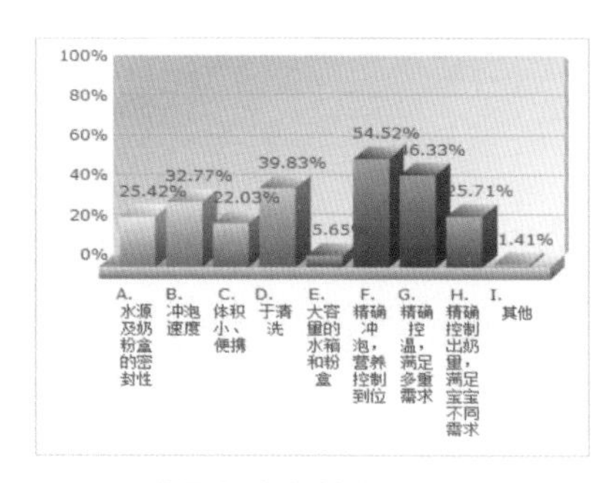

2.您最看重自动冲奶机什么功能？

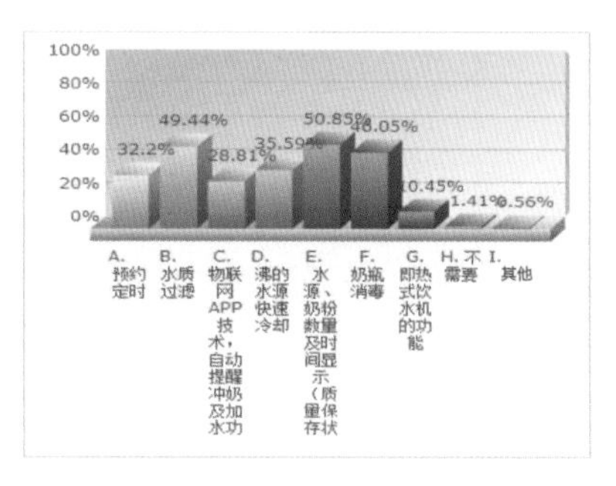

3.您觉得自动冲奶机应该具备哪些特色功能？

小结：产品应具备智能、方便、省事省时的特点，衍生功能一代机可以增加提醒（水源和奶粉量）、APP物联网，二代机配置水质过滤和消毒、饮水机功能等。

表2-11　用户分析总结　c：头脑风暴——挖掘更多需求创意

您理想中的自动冲奶机是？

关键词：消毒 亲和 便携 卫生 智能 时尚小巧 保鲜

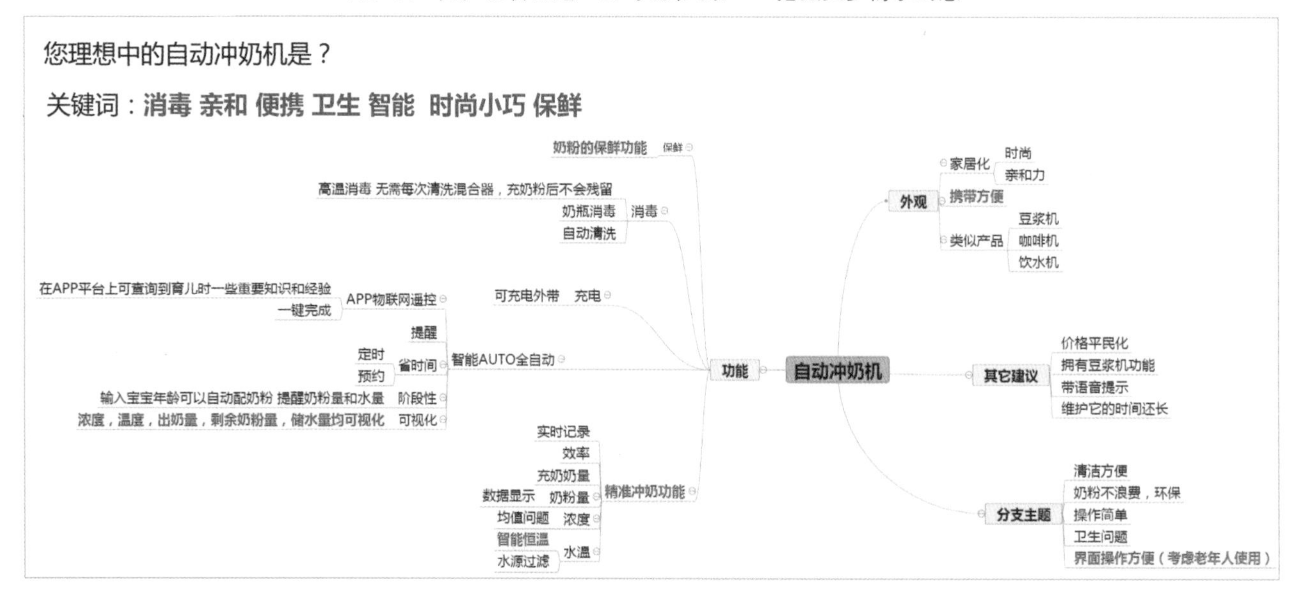

2. 任务二：产品策划（市场定位、产品方向）（4学时）

核心价值：构建产品策略。

综合调研分析结论，结合品牌自身情况构建产品策略，明确产品设计开发方向。

（1）实训目的

①加强学生对所采集信息的敏感度，培养学生的策划能力；

②锻炼学生的逻辑思维，帮助学生从需求向产品落地的转换。

（2）实训内容

①明确产品具体需要解决哪些问题、满足什么需求以及使用的方法；

②用户需求转换，将用户研究的结论输出，进行产品概念的转换，如功能、外观、性能等；

③技术分析，包含行业技术对比、需求满足度分析、技术优化改善；

④产品竞争对标分析，目标策划产品与行业竞品的多维度对比分析；

⑤产品定位，包含市场定位、渠道定位、人群定位、价格定位。

(3) 工作步骤

①讨论目标策划产品的产品定义；

②头脑风暴演练，针对用户需求结论，输出产品方向建议；

③收集行业产品，了解产品背景以及相关的技术原理信息；

④同类产品的对标分析，从外观、价格、性能、功能、推广包装、购买渠道、需求实现等维度进行对比；

⑤讨论拟定产品定位，目标市场、目标人群、目标定价以及目标销售渠道。

(4) 课后作业

对市场研究结论及用户研究结论输出进行整合，以PPT形式输出完成产品策划文件。

任务实施示范：如表2-12至表2-14。

表2-12　产品策划　a：产品功能配置——综合解决用户多种痛点需求

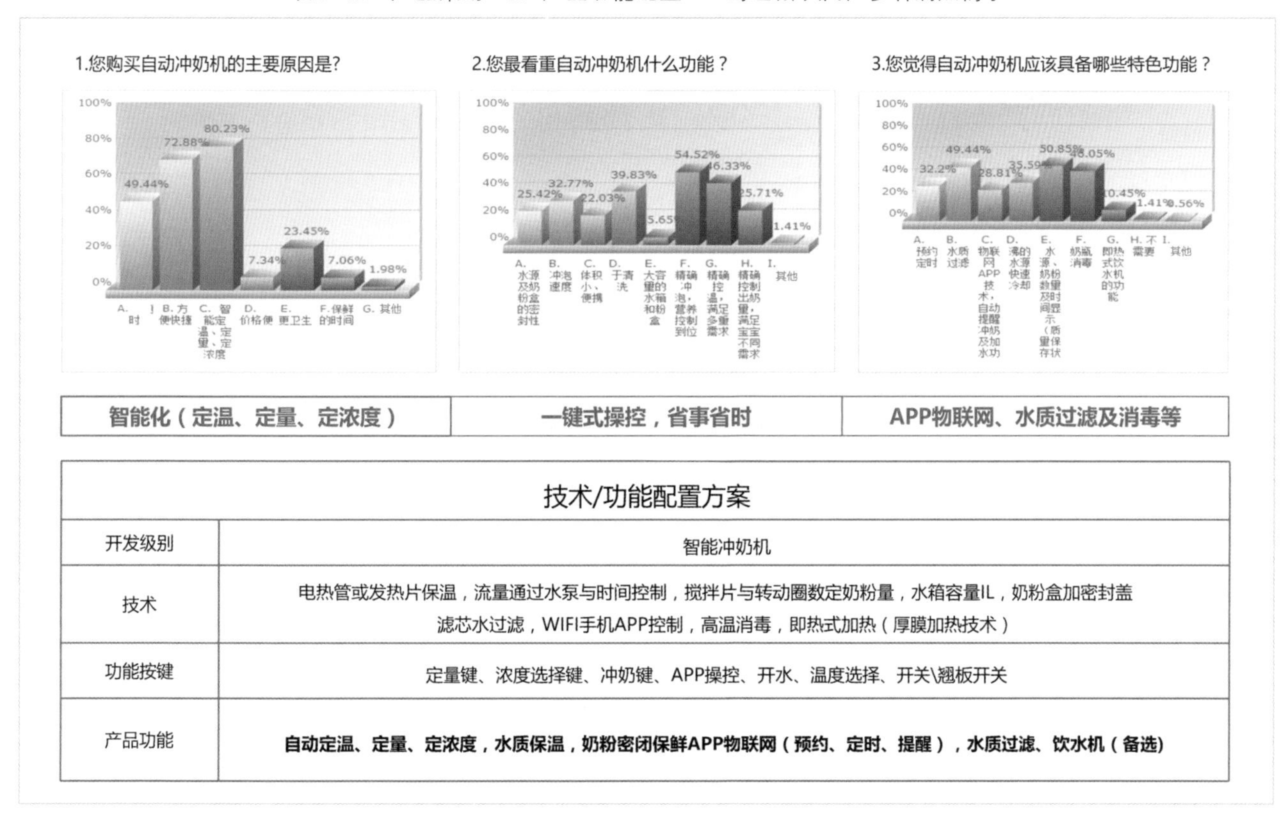

技术/功能配置方案	
开发级别	智能冲奶机
技术	电热管或发热片保温，流量通过水泵与时间控制，搅拌片与转动圈数定奶粉量，水箱容量IL，奶粉盒加密封盖 滤芯水过滤，WIFI手机APP控制，高温消毒，即热式加热（厚膜加热技术）
功能按键	定量键、浓度选择键、冲奶键、APP操控、开水、温度选择、开关\翘板开关
产品功能	**自动定温、定量、定浓度，水质保温，奶粉密闭保鲜APP物联网（预约、定时、提醒），水质过滤、饮水机（备选）**

表2-13　产品策划　b：竞品功能PK——明确产品功能优势

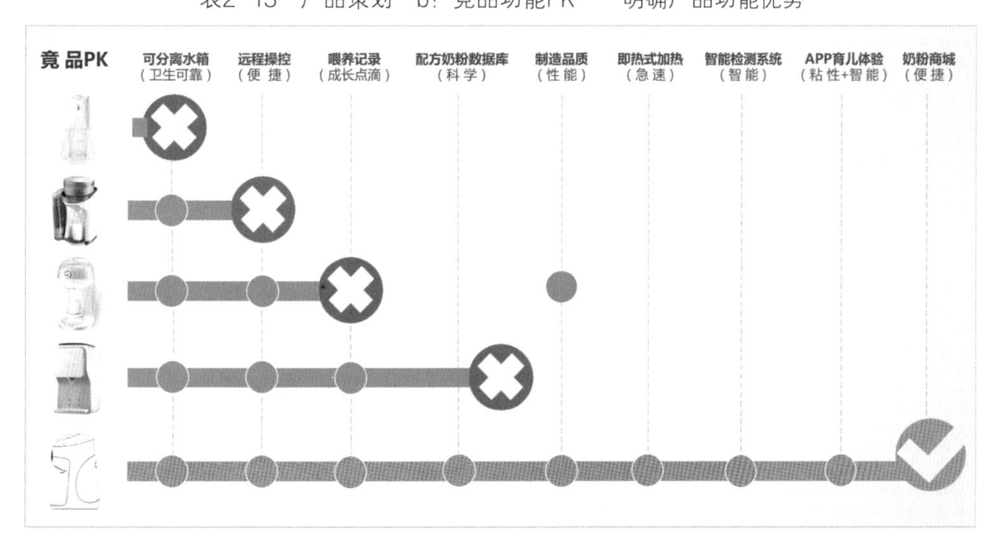

表2-14 产品策划 c：外观设计方向——准确把握产品设计风格

设计策略	健康—清新家园	健康—雅致家园
色彩倾向		
材质色彩特质	浅色（主色）+粉彩系（辅色）+装饰点缀	浅色（主色）+灰色（辅色）+装饰点缀
形态	几何简约 圆润 时尚 大方的形态	
人性化设计	按键铃声/报警铃声设置，按键明确的力反馈，自动断电设置，盖子闭合的反应设计（把记忆变成条件反射），出水口的照明灯，可拔插的通用型电源线	
功能	自动定温、定量、定浓度，水质保温，奶粉密闭保鲜	
技术	电热管或发热片保温，流量通过水泵与时间控制，搅拌片与转动圈数定奶粉量，水箱容量lL，奶粉盒加密封盖。	
按键	只定量键、浓度选择键、冲奶键、开关\翘板开关	
外观尺寸	32CM*39CM* 37CM（只做参考，以满足容量为主）	
材料成本预估	100RMB以内	

3. 任务三：概念发散（前期创意发散、概念提炼）（8学时）

核心价值：突破创新点。

针对市场研究及用户研发找到的需求点进行突破式创新设计，并提炼出有价值的核心创意概念。

（1）实训目的

①培养学生发现问题、分析问题以及明确设计目标形成产品概念的能力；

②综合掌握创造性思维的方法和概念提炼的方法；

③培养学生的创新思维和团队协作能力。

（2）实训内容

①头脑风暴方法操作演练；

②卡片默写操作演练；

③提炼设计概念。

（3）工作步骤

①讨论某类产品使用过程的相关问题；

②各人提出10个以上的解决方案；

③小组成员发表个人方案，小组讨论；

④分类对解决方案进行归纳，组长进行发布；

⑤老师总结；

⑥课后针对自己选题进行提炼。

（4）课后作业

小组用所学方法提炼产品概念，制作下一阶段发布的PPT。

任务实施示范：如图2-60。

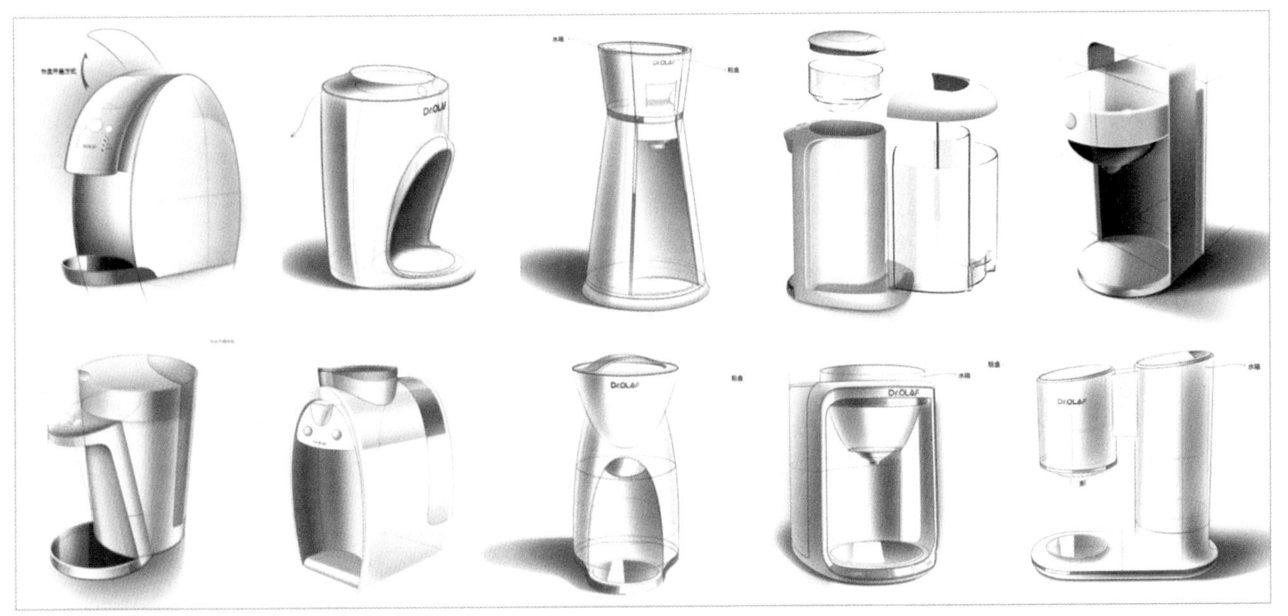

图2-60　创意发散　初步想法创意草图构思——寻求多种创意解决方案

4. 任务四：产品原型构建（产品定义、原型制作、原型验证）（8学时）

核心价值：核心产品。

综合前期分析结论进行产品功能定义，并针对有价值的创意设计快速制作产品原型，同时对其进行基本的尺寸，空间，结构，操作等验证，以保证产品的可行性。

（1）实训目的

①培养学生功能与结构的理解及设计能力；

②培养学生分析问题解决问题的能力；

③培养学生动手制作简易模型的能力。

（2）实训内容

①现有产品的功能与结构分析；

②概念创意初步原型的制作；

③对设计的产品进行功能设定与定义。

（3）工作步骤

①对某同类产品的功能与结构进行拆机研究，分析其功能、原理及结构方式；

②对新设计的概念通过简易的材料进行简易模型制作。

（4）课后作业

产品定义，对有价值的核心创意概念进行初步细化设计制作简易草模原型并进行验证，材料不限。

任务实施示范：如表2-15、图2-61、图2-62。

表2-15 产品原型构建 a：产品功能定义——清晰产品详细功能需求层级

结合用户需求分类模型，定义产品详细功能，重塑喂养体验

魅力需求	APP物联远程操控 健康咨询 饮食成长记录 温水饮用机 健康小贴士
期望需求	操作简单 高低调节 便 携（外带） 极速冲奶 高温消毒 奶瓶红外感应 保 鲜 记忆模式
基本需求	温度及水量精准选择 卫生 安全 信息提醒 食品级材料 防潮

* 注释：
魅力需求：用户意想不到的，如果不提供此需求，用户满意度不会降低，但当提供此需求，用户满意度会有很大提升；
期望需求：当提供此需求，用户满意度会提升，当不提供此需求，用户满意度会降低；
基本需求：当优化此需求，用户满意度不会提升，当不提供此需求，用户满意度会大幅降低。

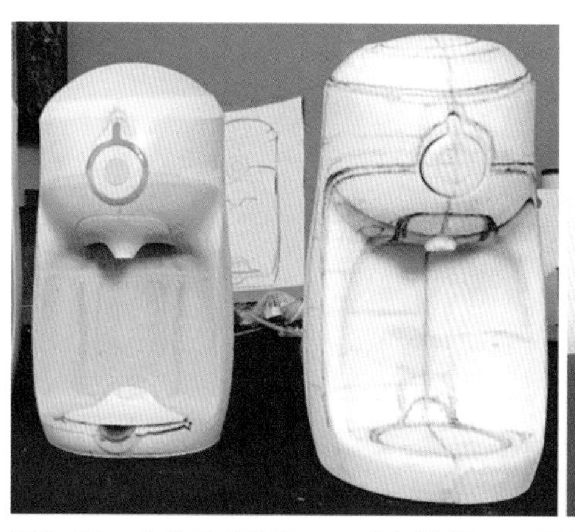

图2-61 产品原型构建 a：原型制作——简单快速验证产品空间体量及结构形式

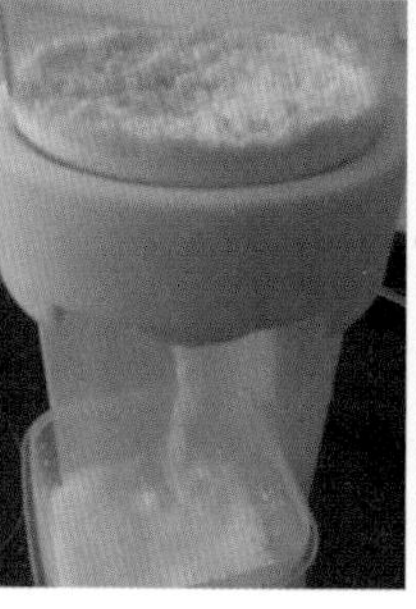

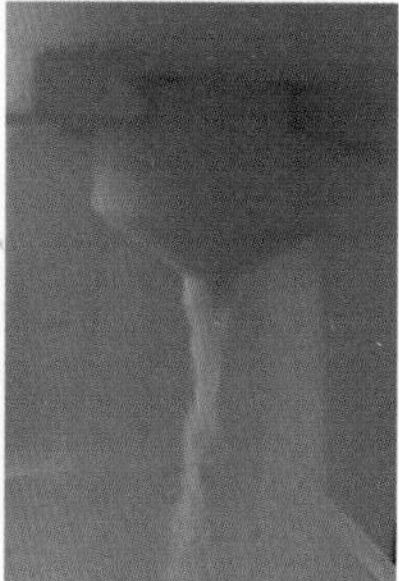

图2-62 产品原型构建 b：产品原型测试——初步验证产品结构及功能可行性

5. 任务五：产品设计（51学时）

核心价值：创意设计呈现。

通过有效的设计流程，对确定的初步原型进行发散式的创新设计，运用快速手绘计算机辅助设计以及CNN快速加工、3D打印等技术对设计方案进行直观的呈现与展示。

（1）子任务1：创意草图（12学时）

①实训目的

A. 培养学生的设计创新能力；

B. 培养学生以图形语言进行叙述的能力；

C. 训练与提高学生的手绘能力。

②实训内容

A. 用故事版方式描述所发现的问题；

B. 对发现的问题提出解决的方案，以草图方式进行表达；

C. 进行细节及各模块搭配的推敲；

D. 进行形态分析及推敲。

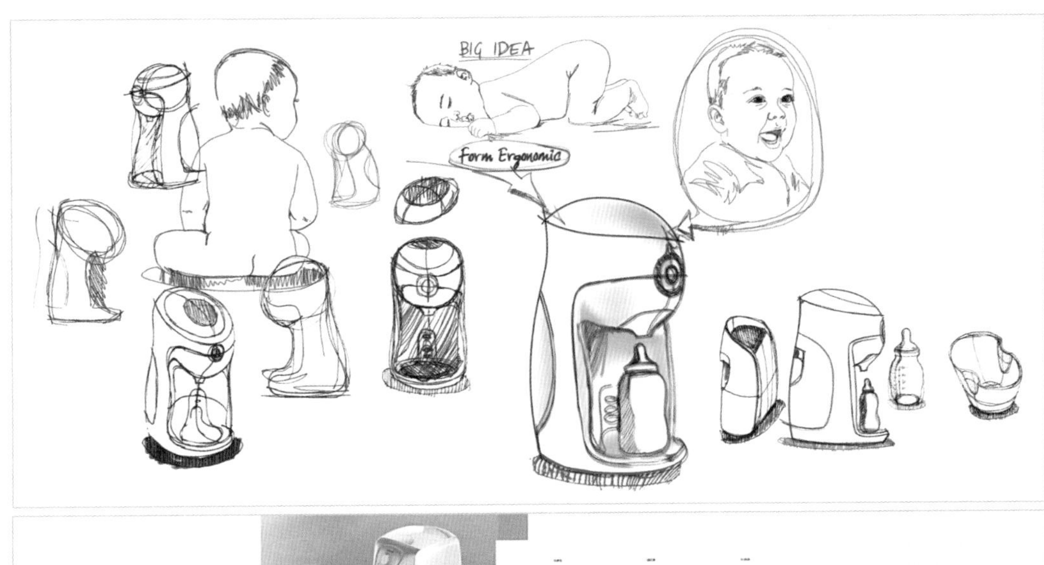

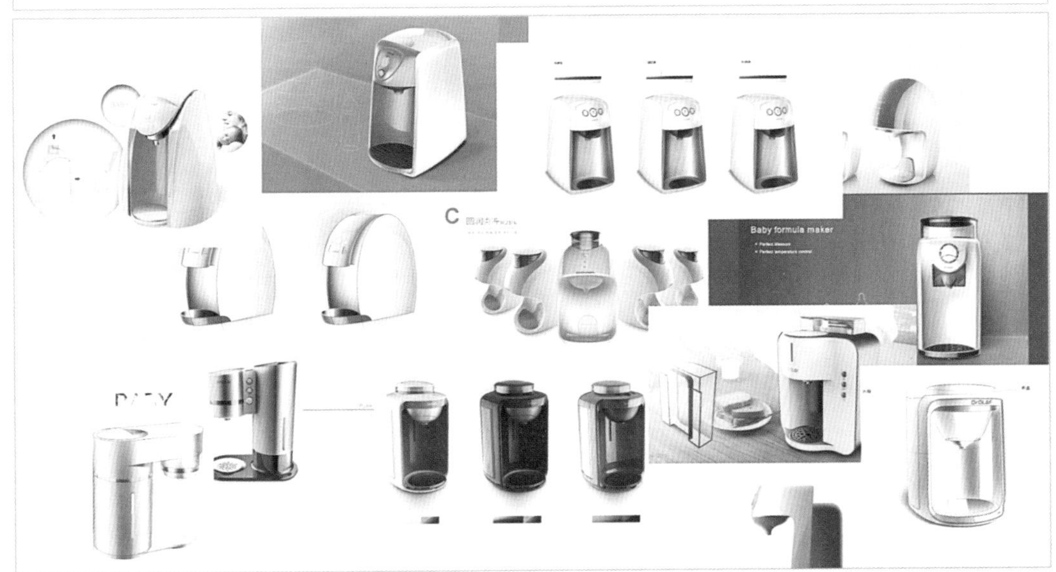

图2-63 产品设计 a：创意草图——快速表现产品创意造型及细节

③工作步骤

A. 针对初步确定的结构原型方向，绘制故事版草图5张；

B. 对发现的问题提出解决的方案，进行外观创意草图发想20个；

C. 在辅导过程中，由老师挑选一个或两个有潜力的方案进行细化；

D. 对被选定的方案进行深入草图细节推敲，不少于10个细化方案。

④课后作业

故事版草图5张，初步草图发想20个，深入草图推敲10个。

任务实施示范：如图2-63。

（2）子任务2：人机工程推敲（8学时）

①实训目的

A. 培养学生对人机关系的理解和人机工学知识的运用能力；

B. 培养学生对材料工艺的理解及运用能力；

C. 培养学生对设计方案的原理及内部结构的理解与分析能力。

②实训内容

A. 对选出的设计方案进行人机尺度推敲，以三视图方式进行表达；

B. 对所选方案进行内部结构的分解与推敲；

C. 对方案实施所需要用到的材料及工艺进行预期效果的比较分析。

③工作步骤

A. 绘制选出设计方案的三视图；

B. 分析内部结构及技术原理。

④课后作业

细节推敲过程展示，确认的三视图一张，内部结构分析图一张。

任务实施示范：如图2-64。

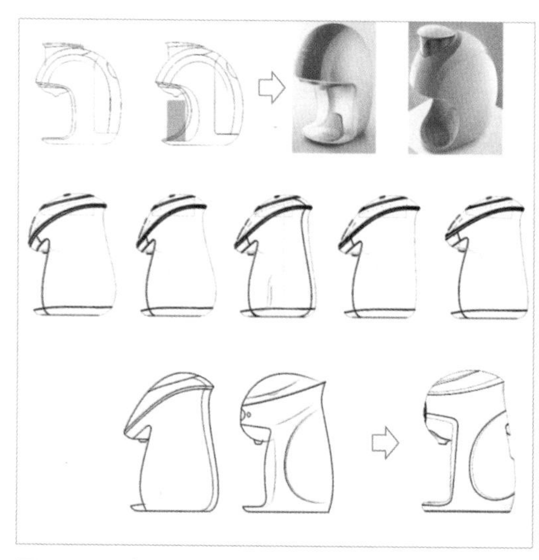

图2-64 产品设计 b：产品人机工程及细节推敲——保证产品优良的操控体验

（3）子任务3：建模渲染（10学时）

①实训目的

A. 培养学生对立体形态的综合把控能力；

B. 培养学生对产品进行细节推敲、表面处理及色彩搭配的能力；

C. 培养学生三维建模渲染及效果图后期处理的计算机运用能力。

②实训内容

A. 运用三维软件进行建模渲染；

B. 对产品进行细节推敲、表面处理及色彩搭配的比较练习。

③工作步骤

A. 对选定的方案进行建模；

B. 在老师的辅导下修改并进行渲染；

C. 对产品进行细节推敲、表面处理及色彩搭配的比较分析。

④课后作业

提交不同角度的效果图、细节图、使用状态图多张。

任务实施示范：如图2-65。

⑤思考题

结合方案的不断推敲优化过程，谈谈对工匠精神的理解。

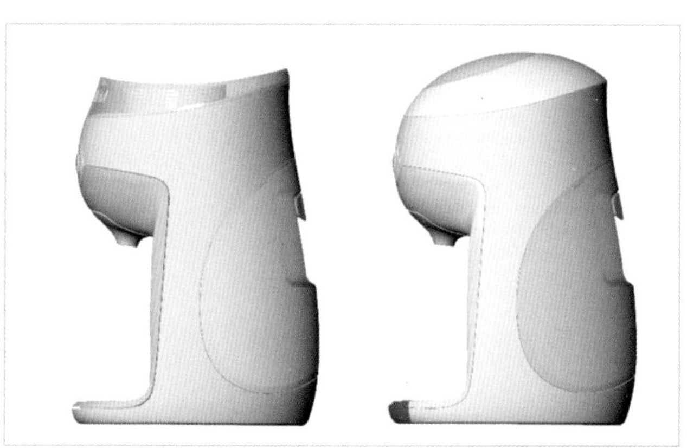

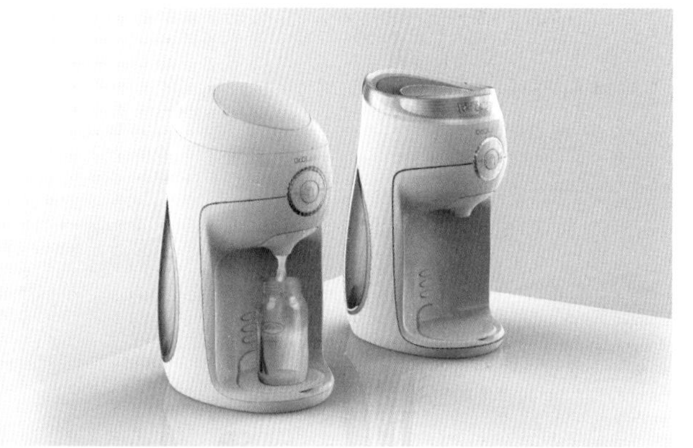

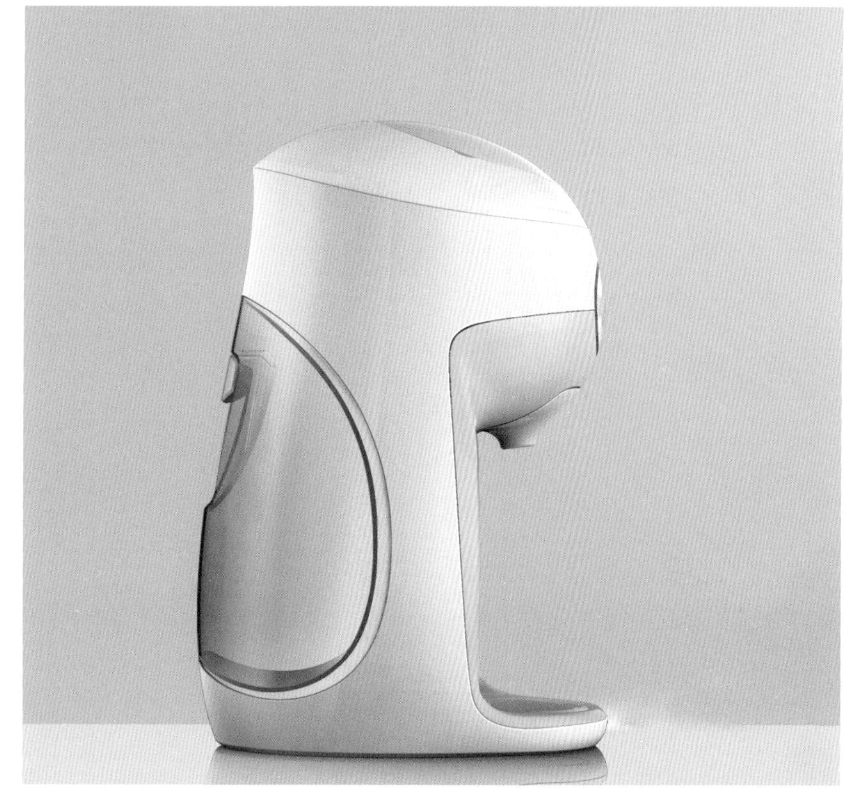

图2-65　产品设计　c：建模渲染——1：1虚拟还原产品各部件关系及整体外观效果

（4）子任务4：场景应用（4学时）

①实训目的

A. 培养学生通过应用场景或环境来表达设计方案的能力；

B. 培养学生的平面排版能力；

C. 培养学生的专业执行能力、表现能力以及小组协作能力。

②实训内容

A. 寻找或构建好的应用场景图，把握好产品设计要点，巧妙地将产品和环境整体展示在一起，以图片画面呈现；

B. 进行应用场景或情景展示图的设计推敲。

③工作步骤

A. 理清整个设计展示思路，安排场景展示图的层次及结构关系；

B. 以图片画面呈现。

④课后作业

提交应用场景或情景展示图多张。

任务实施示范：如图2-66。

图2-66 产品应用场景图

（5）子任务5：创意表达（7学时）

①实训目的

A. 培养学生通过展示版面设计推销设计方案的能力；

B. 培养学生的平面排版能力；

C. 培养学生的专业执行能力、综合表达能力以及小组协作能力。

②实训内容

A. 介绍设计方案的背景、成果、亮点，以展示版面的方式呈现；

B. 进行展示版面的版式推敲。

③工作步骤

A. 整理版面的设计思路，提炼设计要点和展示要素；

B. 结合设计创意进行展板的版式效果设计；

C. 版面内容的排版与完善。

④课后作业

提交创意展示图（创意海报展示图、使用状态图、功能示意图、配色图、爆炸图等）多张。

任务实施示范：如图2-67。

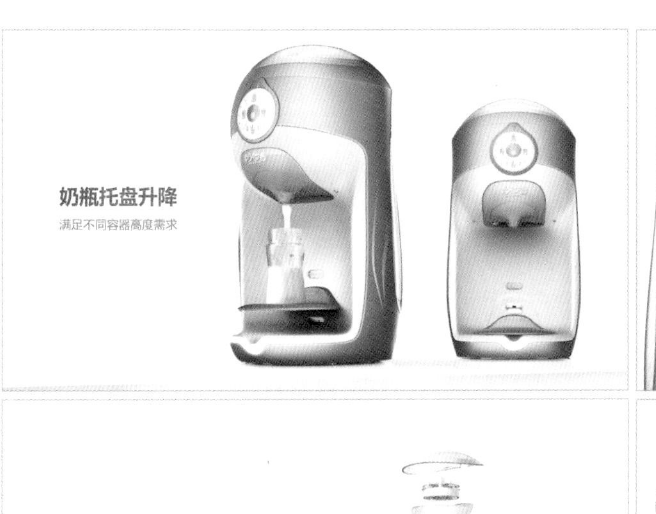

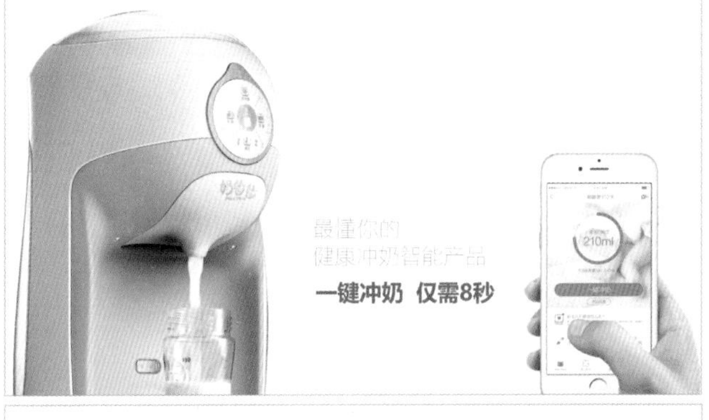

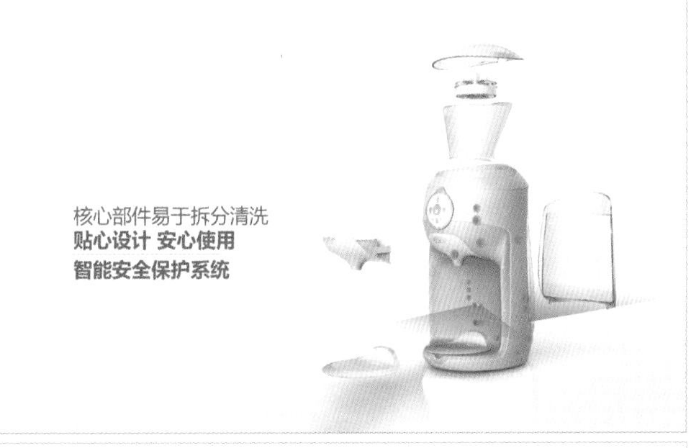

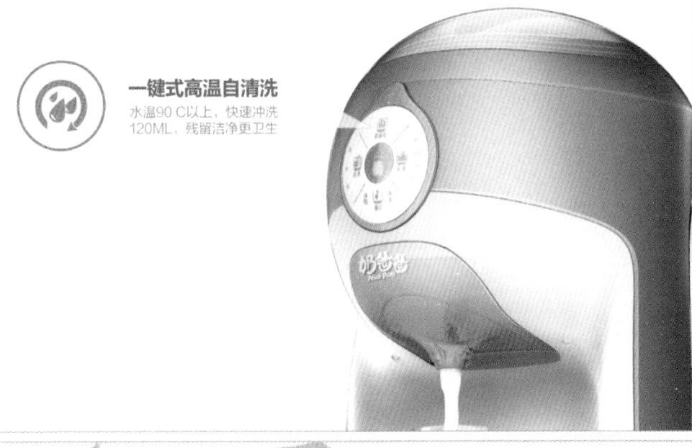

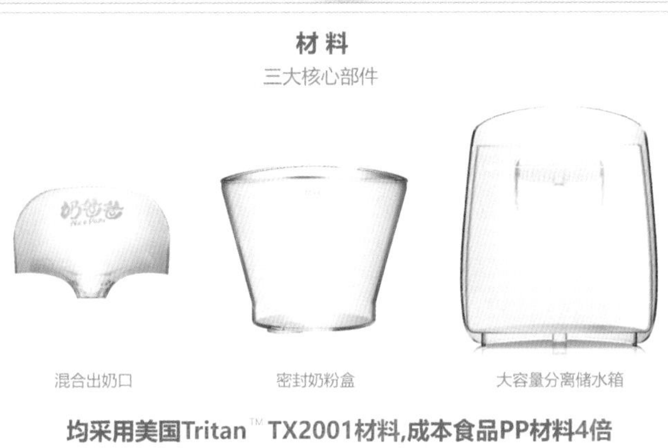

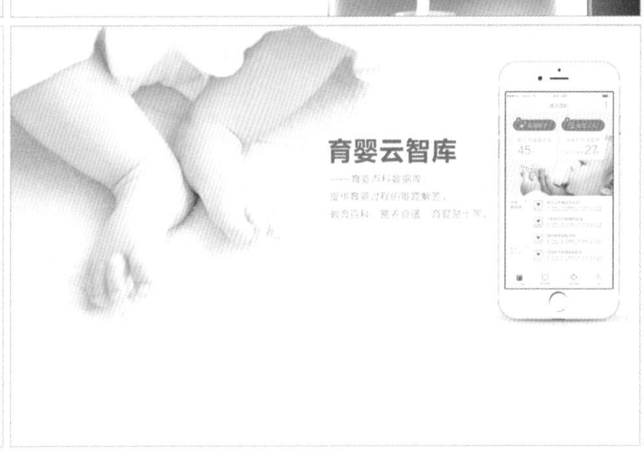

图2-67 创意展示

（6）子任务6：外观模型制作（10学时）

①实训目的

A. 培养学生模型制作的能力，可借助现在的先进技术手段对设计模型进行快速打样；

B. 培养学生利用模型进行设计推敲与完善设计方案的能力。

②实训内容

A. 制作产品的模型；

B. 再次对产品形态、结构进行评估及推敲。

③工作步骤

A. 依据效果图与工程图分解模型结构件；

B. 按照选定的模型制作比例制作结构件；

C. 各模型结构单元的制作及表面处理；

D. 模型的组装与效果评估；

E. 后期效果处理。

④课后作业

制作产品模型一件。

任务实施示范：如图2-68。

备注：基于学校教学条件的限制，后面6~10部分主要是案例流程展示为主。

⑤主要目的

A. 培养学生的产品全生命周期创新管理的思维；

B. 熟悉产品从无到有直至最终上市实现销售各环节流程及各个关键节点的核心价值。

6. 任务六：产品开发（结构功能实现、成本评估、功能样机制作、专利布局）（1学时）

核心价值：技术实现。

针对外观设计方案进行结构设计及相关功能的技术实现，同时进行包围式保护的专利布局。

任务实施示范：如表2-16、图2-69至图2-72。

图2-68 产品设计 外观模型制作——1：1实物验证产品整体效果及细节特点

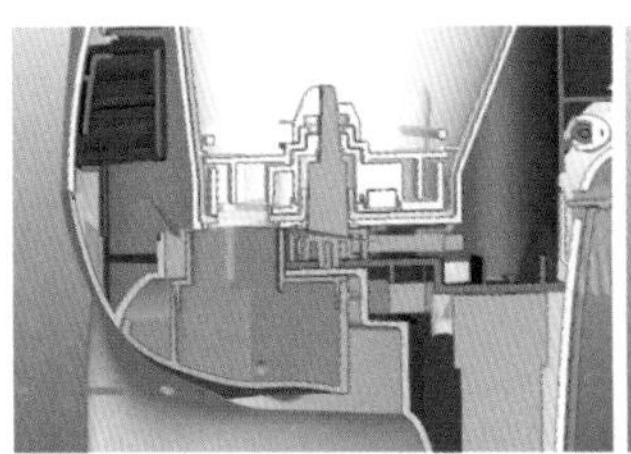

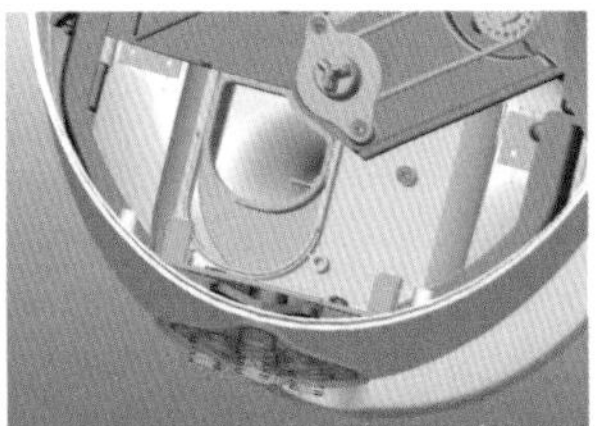

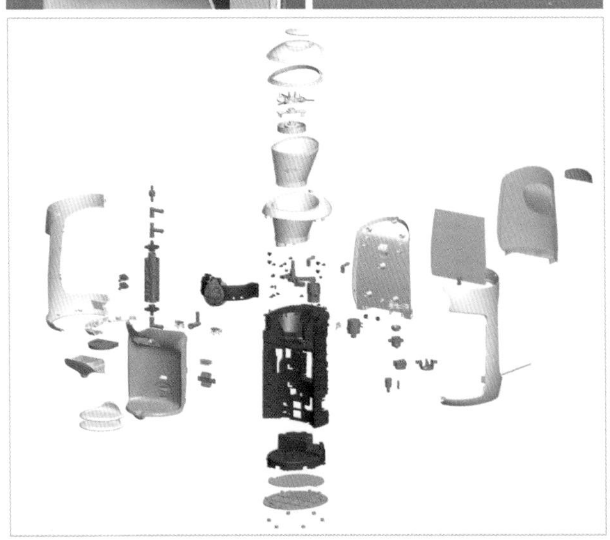

图2-69 产品开发 a：结构设计——实现产品的内部结构及各部件有效合理的装配

表2-16 产品开发 b：成本核算——实现成本可控

序号	客户/厂商料号	品名规格 CHINESE	单位用量	单位	单重(g)	材料单价（元/Kg）	啤机吨位	啤机工时（元/天20H）	产能（PCS/H）	工价（元/件）	材料成本	表面处理成本	零件成本	备注
成本核算														
塑胶件														
1	3011057	前殼/ABS	1	PCS	209.000	16.500	380	2500.00	60	2.08	3.45		5.53	
2	3011126	後殼/ABS	1	PCS	200.000	16.500	300	1800.00	100	0.90	3.30		4.20	
3	3011069	左側殼/ABS	1	PCS	125.000	16.500	380	2500.00	120	1.04	2.06		3.10	左右壳共模
4	3011085	右側殼/ABS	1	PCS	125.000	16.500	380	2500.00	120	1.04	2.06		3.10	左右壳共模
8	3011098	左固定架/PP	1	PCS	20.900	12.000	250	1300.00	240	0.27	0.25		0.52	左右固定架共模
9	3011087	右固定架/PP	1	PCS	20.900	12.000	250	1300.00	240	0.27	0.25		0.52	左右固定架共模
10	3011055	奶粉盒腔體/ABS	1	PCS	168.100	16.500	380	2500.00	60	2.08	2.77		4.86	
11	3011054	奶粉盒總成/TX2001	1	PCS	110.700	40.000	300	1800.00	45	2.00	4.43	0.10	6.53	丝印
13	3011037	混合器總成/TX2001	2	PCS	40.000	40.000	250	1300.00	240	0.27	1.60	0.10	3.94	1出2，丝印
14	3011039	混合器蓋/TX2001	2	PCS	17.000	40.000	250	1300.00	240	0.27	0.68		1.90	与前殼蓋板共模
15	3011090	主動輪/POM	1	PCS	3.000	10.750	250	1300.00	360	0.18	0.03		0.21	從動輪座共模
16	3011010	從動輪/POM	1	PCS	8.400	10.750	250	1300.00	360	0.18	0.09		0.27	1出2
17	3011011	從動輪座/POM	1	PCS	3.200	10.750	250	1300.00	360	0.18	0.03		0.21	主動輪共模
18	3011084	下料器固定板/PP	1	PCS	6.500	12.000	250	1300.00	360	0.18	0.08		0.26	水箱卡勾共模
19	3011097	左燈罩/PC	1	PCS	2.500	20.000	250	1300.00	360	0.18	0.05		0.23	左右燈罩共模
20	3011086	右燈罩/PC	1	PCS	2.500	20.000	250	1300.00	360	0.18	0.05		0.23	左右燈罩共模
21	3011008	杯托盤/ABS	1	PCS	37.200	16.500	250	1300.00	240	0.27	0.61		0.88	1出2
22	3011064	水箱卡勾/PP	2	PCS	1.000	12.000	250	1300.00	720	0.09	0.01		0.20	下料器固定板共模
23	3011100	前殼蓋板/TX2001	1	PCS	4.000	40.000	250	1300.00	240	0.27	0.16		0.43	与混合器蓋共模
24	3011058	上蓋/TX2001	1	PCS	105.000	40.000	300	1800.00	60	1.50	4.20	0.20	5.90	双色模，超声工艺
25	3011059	上蓋把手/TX2001	1	PCS	5.000	40.000	250	1300.00	360	0.18	0.20	0.10	0.48	与水箱把手共模，丝印
26	3011061	水箱把手/TX2001	1	PCS	6.500	40.000	250	1300.00	360	0.18	0.26		0.44	与上蓋把手共模
27	3011066	水箱主體/TX2001	1	PCS	175.200	40.000	380	2500.00	60	2.08	7.01	5.00	14.09	双色模，超声工艺
30	3011082	下料定量板/PP	1	PCS	20.000	12.000	300	1800.00	240	0.38	0.24	0.20	0.82	定量板磁鐵蓋共模，2+2，超声工艺
31	3011019	定量板磁鐵蓋/PP	1	PCS	2.100	12.000	300	1800.00	240	0.38	0.03		0.40	
32	3011083	下料器/PP	1	PCS	10.000	12.000	200	1200.00	120	0.50	0.12		0.62	双色模
												小计	******	

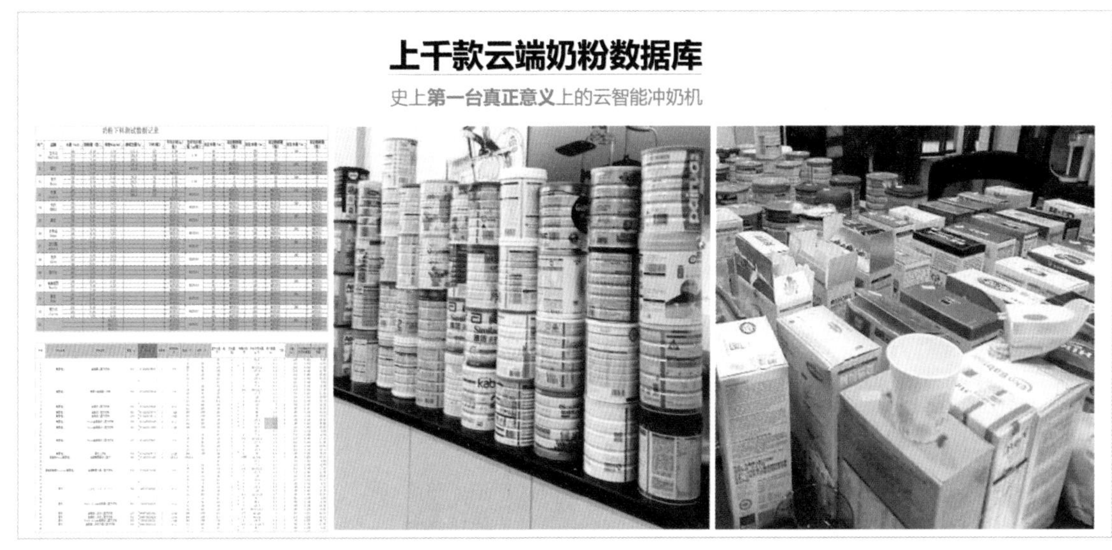

图2-70 产品开发 c：产品APP数据库建立——保证产品使用相关数据的严谨精准

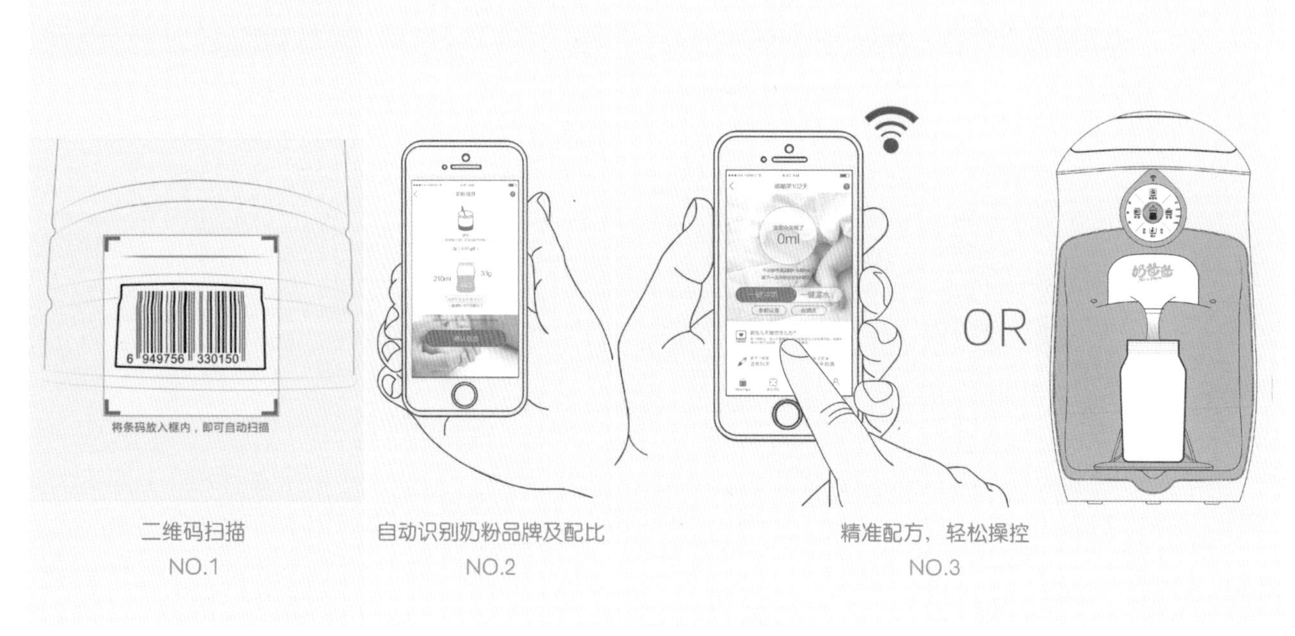

图2-71　产品开发　d：产品APP设计与开发——建立友好的使用及交互体验

图2-72　产品开发　e：专利布局——专利全面包围保护原创产品知识产权

7. 任务七：生产制造（模具实现、供应链整合、制造跟踪）（1学时）

核心价值：优良制造。

开发模具，整合供应链资源，实时跟进以有效保证产品顺利落地。

任务实施示范：如表2-17、图2-73至图2-75。

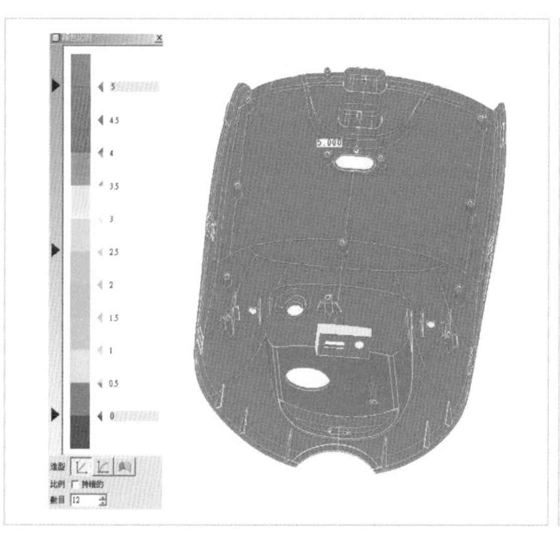

拔模分析

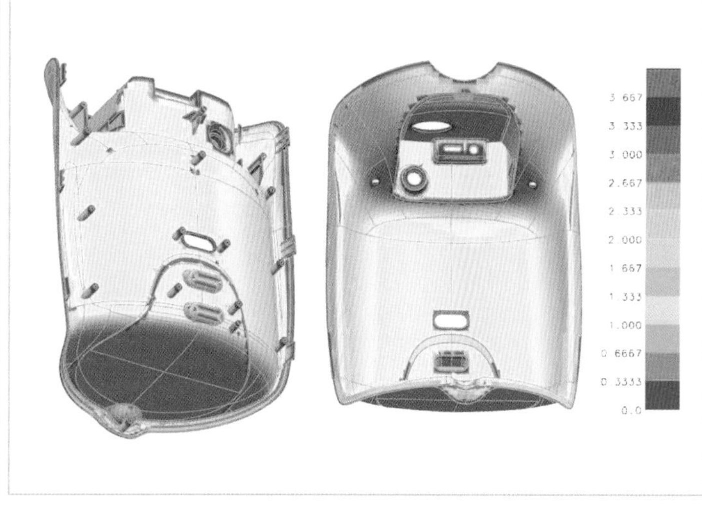

产品基本肉厚：2.2mm

图2-73　生产制造　a：模具设计与验证——实现高效批量化生产

表2-17　生产制造　b：产品零部件采购——有序生产管理

产品单阶零件表									
品名		智能冲奶机		机　种					日　　期
规格		220V/2400W							版　　次
序号	料　　号	图　　号	零　件　名　称	规　　格	用量/单位	同属机种	物料来源		表面处理
							自制	外购	
塑胶类									
1		Milk-S-001	右侧壳	ABS 757	1		√		亚光白（参照色板）
2		Milk-S-002	左侧壳	ABS 757	1		√		亚光白（参照色板）
3		Milk-S-003	前壳	ABS 757	1		√		粉色（参照色板）
4		Milk-S-004	后壳	ABS 757	1		√		亚光白（参照色板）
5		Milk-S-005	上盖	Tritan TX2001	1		√		粉色（局部磨砂处理）
6		Milk-S-006	上盖密封圈	矽胶/硬度40度（与上盖二次注塑）	1		√		亚光白（参照色板）
7		Milk-S-007	上盖把手	ABS 757	1		√		亚光白（参照色板）
8		Milk-S-008	奶粉盒	Tritan TX2001	1		√		粉色（参照色板）
10		Milk-S-010	奶粉盒腔体	ABS 757	1		√		亚光白（参照色板）
11		Milk-S-011	水箱主体	SAN	1		√		粉色（局部磨砂处理）
12		Milk-S-012	水箱盖	SAN	1		√		粉色（局部磨砂处理）
13		Milk-S-013	底板	PP+20%GF	1		√		亚光白（参照色板）
19		Milk-S-019	进水座	PP	1		√		亚光白（参照色板）
20		Milk-S-020	混合器	Tritan TX2001	1		√		亚光白（参照色板）
21		Milk-S-021	混合器盖	Tritan TX2001	1		√		亚光白（参照色板）
25		Milk-S-025	下料器	PP/食品级	1		√		亚光白（参照色板）
26		Milk-S-026	下料器固定板	PP/食品级	1		√		亚光白（参照色板）
27		Milk-S-027	下料定量板	PP/食品级	1		√		亚光白（参照色板）
28		Milk-S-028	杯托盘	ABS 757	1		√		亚光白（参照色板）
29		Milk-S-029	水箱把手	ABS 757	1		√		亚光白（参照色板）
30		Milk-S-030	右灯壳	PC/透明	1		√		粉色（参照色板）
31		Milk-S-031	左灯壳	PC/透明	1		√		粉色（参照色板）
34		Milk-S-034	控制面板	PC/透明	1		√		粉色（参照色板）

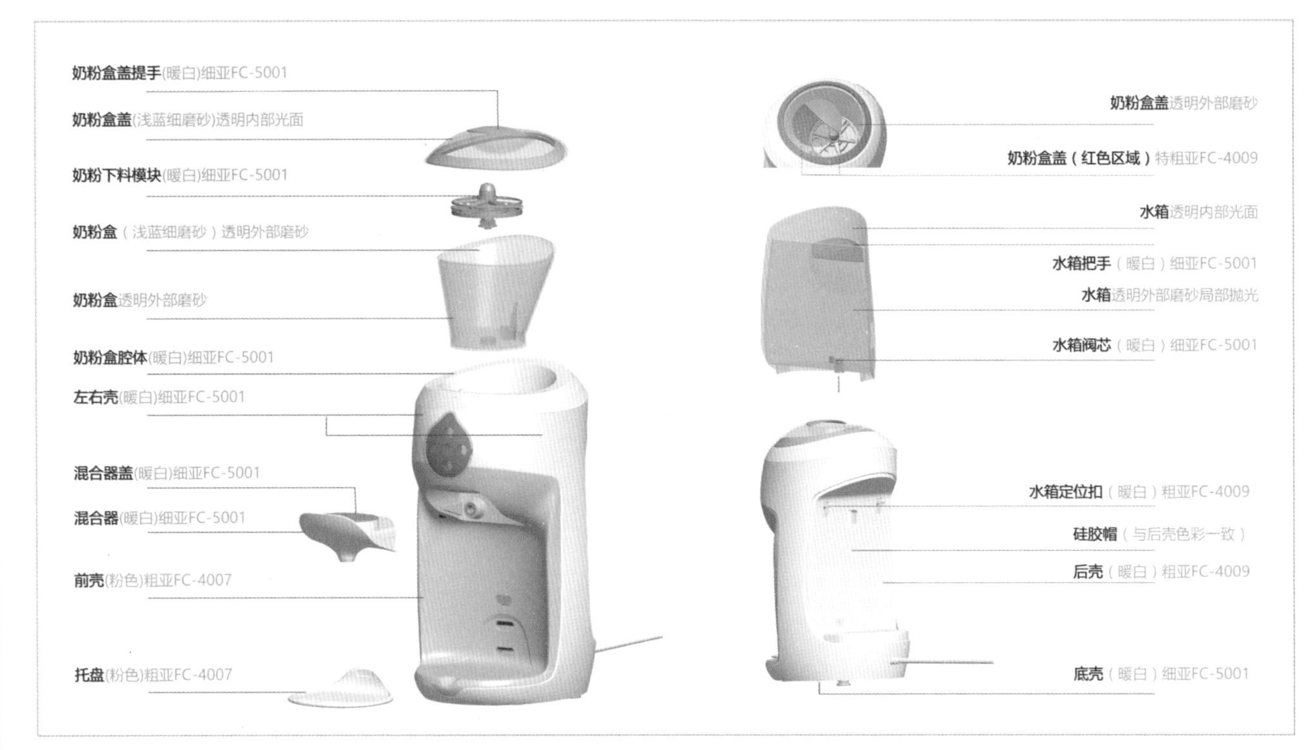

图2-74　生产制造　c：产品CMF落地——建立清晰的产品CMF标准

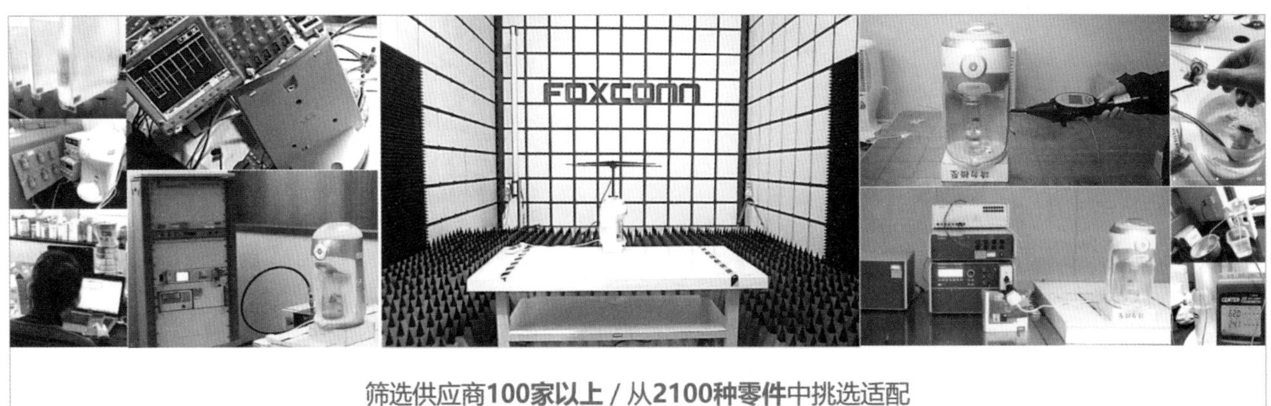

筛选供应商**100家以上** / 从**2100种零件**中挑选适配

整机疲劳测试超过**2000小时** / 水温、水量测试超过**10000次**

奶瓶、水箱感应测试超过**10000次**

图2-75　生产制造　d：后期测试与制造跟踪——保证产品性能的稳定性

8. 任务八：推广策划（产品包装策划、品牌策划、VI系统设计、活动推广策划）（1学时）

核心价值：构建推广策略。

通过系统的策划、设计推出完整的各类推广物料，构建起多渠道有效组合式的推广策略方案。

任务实施示范：如图2-76至图2-78。

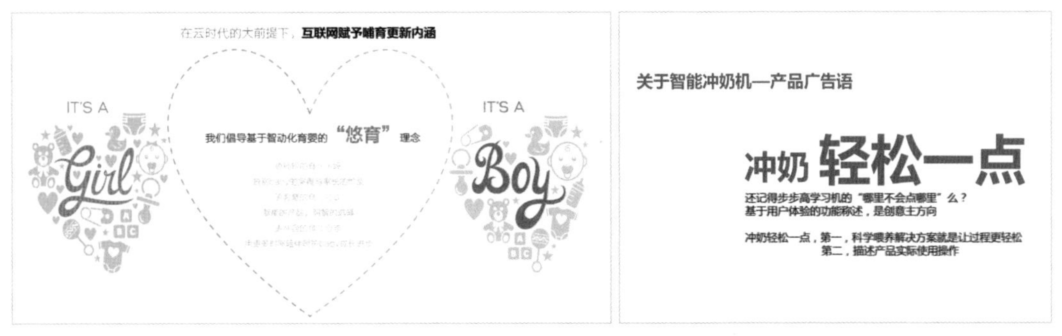

图2-76　推广策划　a：品牌策划——建立品牌印象

图2-77　推广策划　b：VI设计——传达易识别的品牌形象

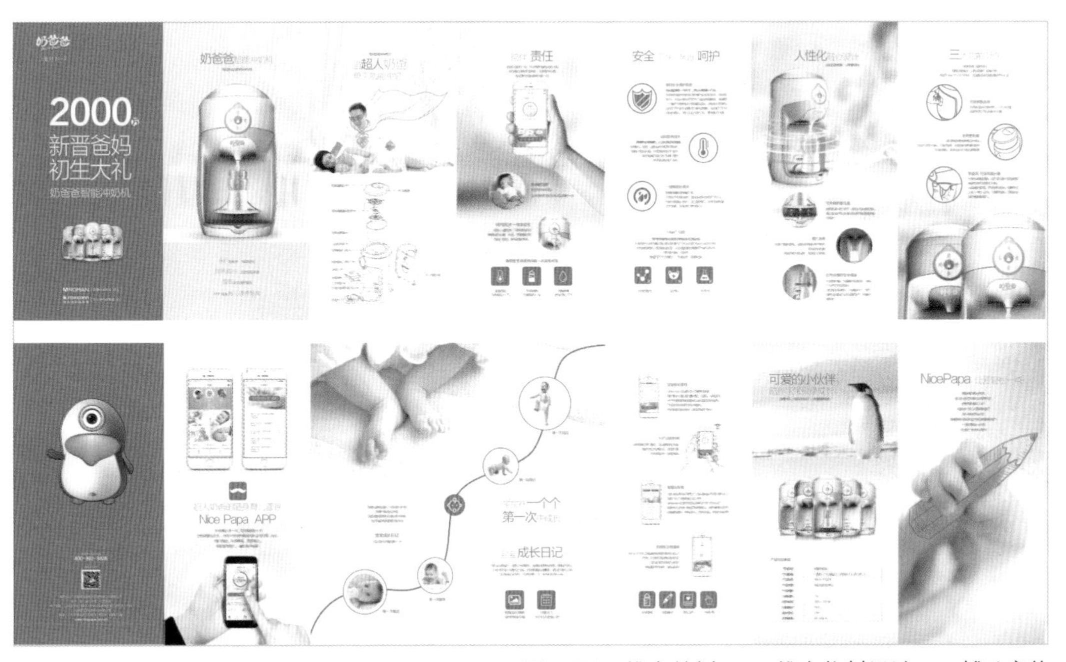

图2-78　推广策划　c：推广物料设计——辅助宣传

智能冲奶机 — 我的爸爸是外星人

我的爸爸一天有48个小时
每当我睁开眼睛，爸爸总能出现在我眼前
爸爸的一天一定有48个小时，
不然他为什么不用睡觉？

我的爸爸有两颗心
爸爸要爱妈妈，还要爱我
爸爸一定有两颗心，
不然他为什么可以照顾好我们？

我的爸爸有两双手
爸爸每天都有好多事情忙，却总能为我带来礼物
爸爸一定有两双手，
不然他为什么可以同时做那么多事情？

我的爸爸可以穿越空间
爸爸每天都要去很远的地方工作，
每当我需要他的时候，他总能出现在我面前
爸爸一定可以穿越两个空间，
不然他为什么可以随时出现在我面前？

一键冲奶，10秒搞定 ，浓度、温度一键精确控制

Xxx 智能冲奶机 —让爸爸轻松一点

图2-79 推广策划 d：推广传播策划——构建多渠道有效组合式的推广策略方案

9. 任务九：终端呈现（体验物料设计、视频设计、展示体验空间）（1学时）

核心价值：建立沟通体验。

建立体验式终端环境，配合产品展示，生活化物料以及视频等形式和用户建立有效直接的沟通体验。

任务实施示范：如图2-80。

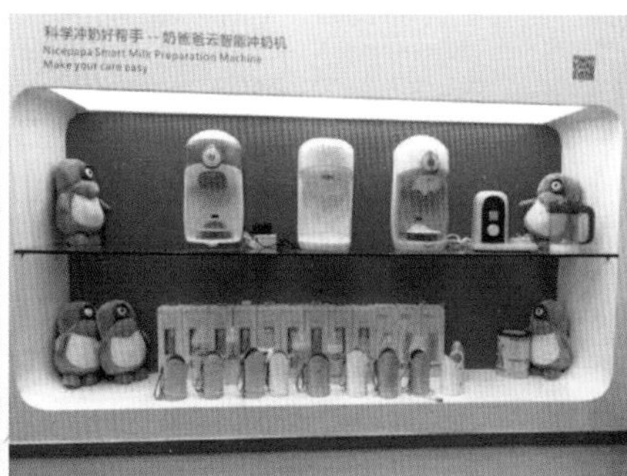

图2-80 终端呈现：视频及物料设计终端、展会参展——建立直接有效的沟通体验

实战程序

10. 任务十：价值传播（新品发布会、品牌推广活动、新媒体传播、整合传播）（1学时）

核心价值：准确触达用户。

通过多渠道及媒体的推广传播宣传，将产品准确触达到用户。

任务实施示范：如图2-81至图2-83。

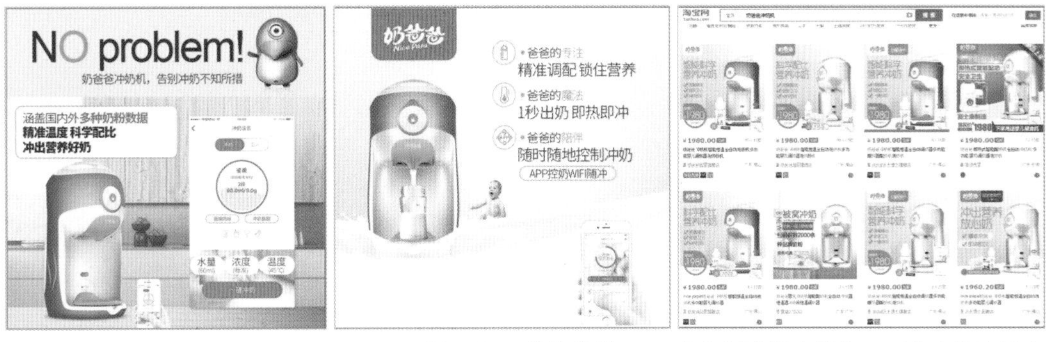

图2-81　价值传播　a：电商渠道推广销售——准确触达用户

图2-82　价值传播　b：多渠道传播——准确触达用户

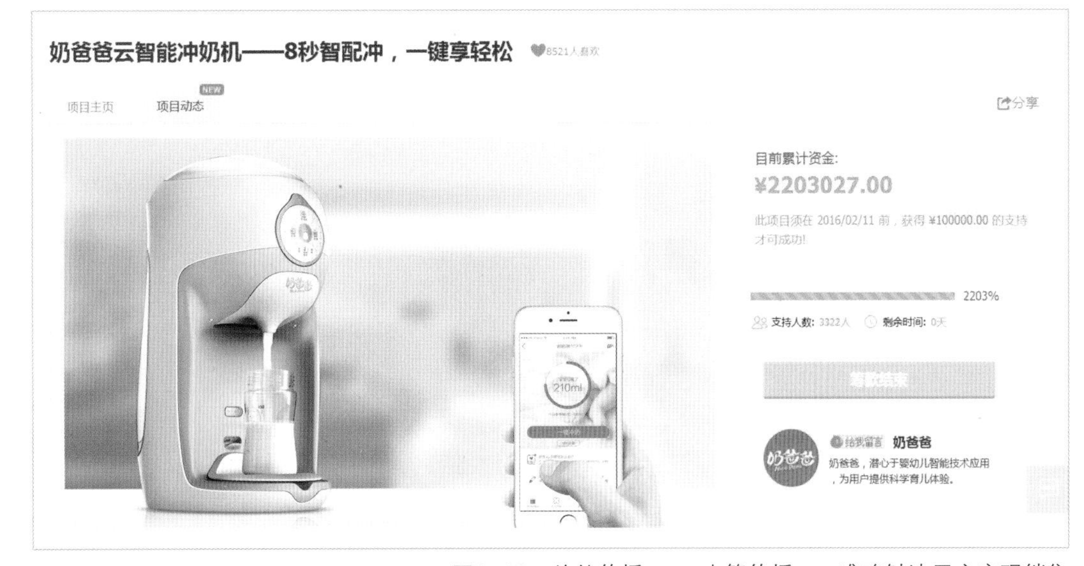

图2-83　价值传播　c：众筹传播——准确触达用户实现销售

第二节　项目范例二：儿童用品设计

产品设计是为人服务的，以人为中心，研究人的需求与行为的特征，通过优化产品来提升人的生活品质。本章选择儿童用品为项目实训案例，是基于儿童用品有着鲜明的使用对象特征，在人体尺度、行为特性、认知习惯等方面都有着不同于成年人的地方，认识、理解并有针对性地进行产品设计是本节的重点。

一、项目要求

项目介绍：开发产品的目的是满足特定消费对象的需求，了解目标消费群体的需求与设计的关系，从目标群体的特定需求出发展开产品设计工作是本项目的设计目标。通过本项目的训练使学生掌握儿童用品的设计要点和方法，遵循从“概念提炼→创意展开→方案形成→成果发布”的完整程序，设计出满足儿童需求、解决实际问题、创新性高的儿童用品。

项目名称：儿童用品设计
项目内容：儿童用品的创新设计
训练目的：A. 通过训练，掌握儿童用品设计的基本知识点；
B. 学习儿童用品设计的方法与程序；
C. 培养团队协调、口头表达、设计表现等能力。

教学方式：A. 理论教学采取多媒体集中授课方式；
B. 实践教学采取分组研讨、实操等方式；
C. 利用《产品设计》网络课程平台，开辟网上虚拟课堂；
D. 结合企业现场教学及名师讲座。

教学要求：A. 多采用实例教学，选材尽量新颖；
B. 教学手段多样，尽量因材施教；
C. 设计的儿童用品要符合用户及市场需求；
D. 作业要求：调研PPT一份、设计草图50张、草模多个、产品效果图、使用状态图多张、版面两张、工程图纸一份、外观模型一个、最终汇报PPT一份。

作业评价：A. 创新性：概念提炼，创新度；
B. 表现性：方案的草图表现，效果表现，模型表现及版面表现；
C. 完整性：问题的解决程度，执行及表达的完善度，实现的可行性。

二、设计案例——企业作品案例

1. 作品名称：Lunar Baby Thermometer（2008红点设计大奖）

（1）设计师：Duck Young Kong

（2）设计解码：该儿童温度计改变了以往口探、腋下探等探热方式，采用更加人性化的使用方式，只需将手放在孩子的额头，就像妈妈抚摸小孩一样，检查孩子体温是否正常成了一件轻松自然的事。通过LED屏幕输出温度读数和闪烁的LED信号提醒温度扫描完成（如图2-84）。

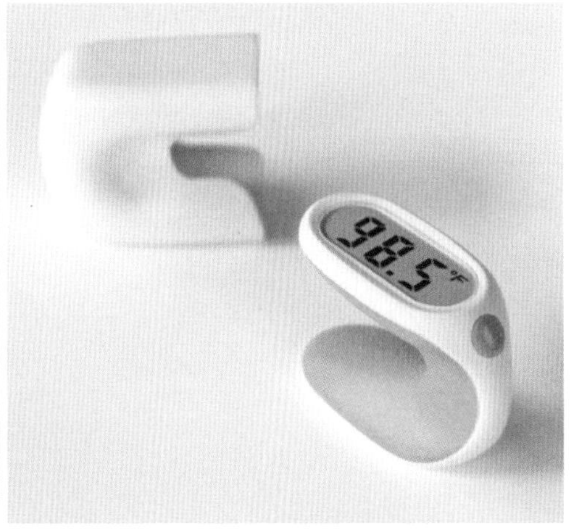

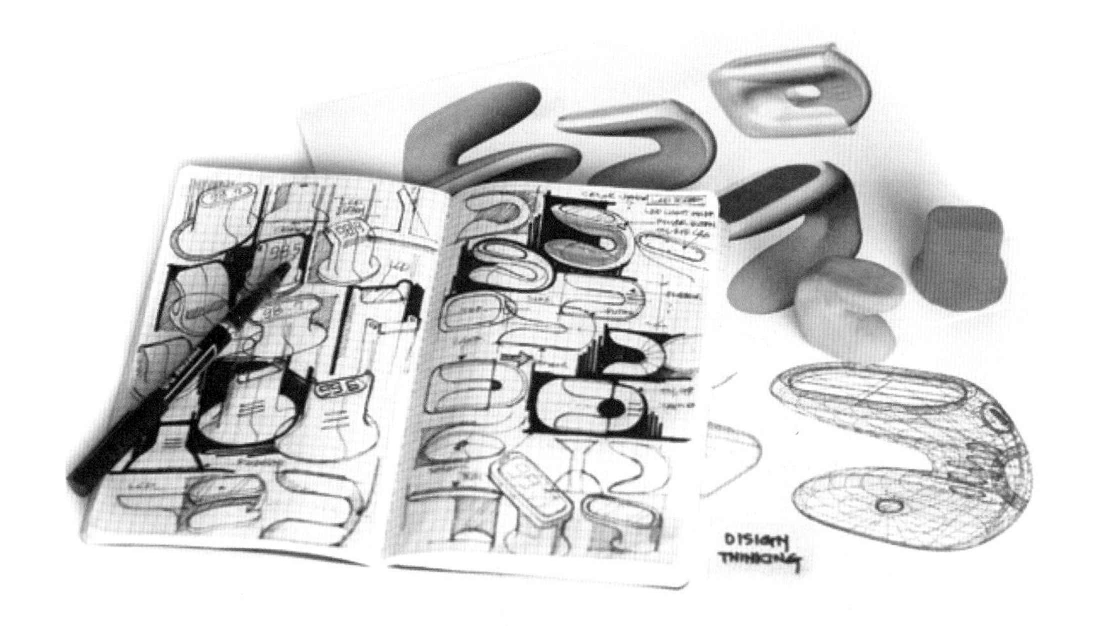

图2-84　Lunar Baby Thermometer / Duck Young Kong

2. 作品名称：北欧积木玩具

（1）**设计师**：Andreas Murray，Eivind Halseth，Oskar Johansen，Tore Vinje Brustad

（2）**企业**：permafrost

（3）**设计解码**：由挪威设计公司Permafrost设计的可爱木头小玩具，融合了摩登的现代技术与古典的北欧工艺，也体现了北欧风格对木材特有的倾爱以及对设计的理解，让人爱不释手。这款北欧风格的积木玩具，包括一个钻井平台、一艘油轮以及一架可以在平台和油轮上停靠的直升飞机，选用原浆木材，环保且安全，小巧可爱，在拼凑地过程中可提高儿童对形态的认知（如图2-85）。

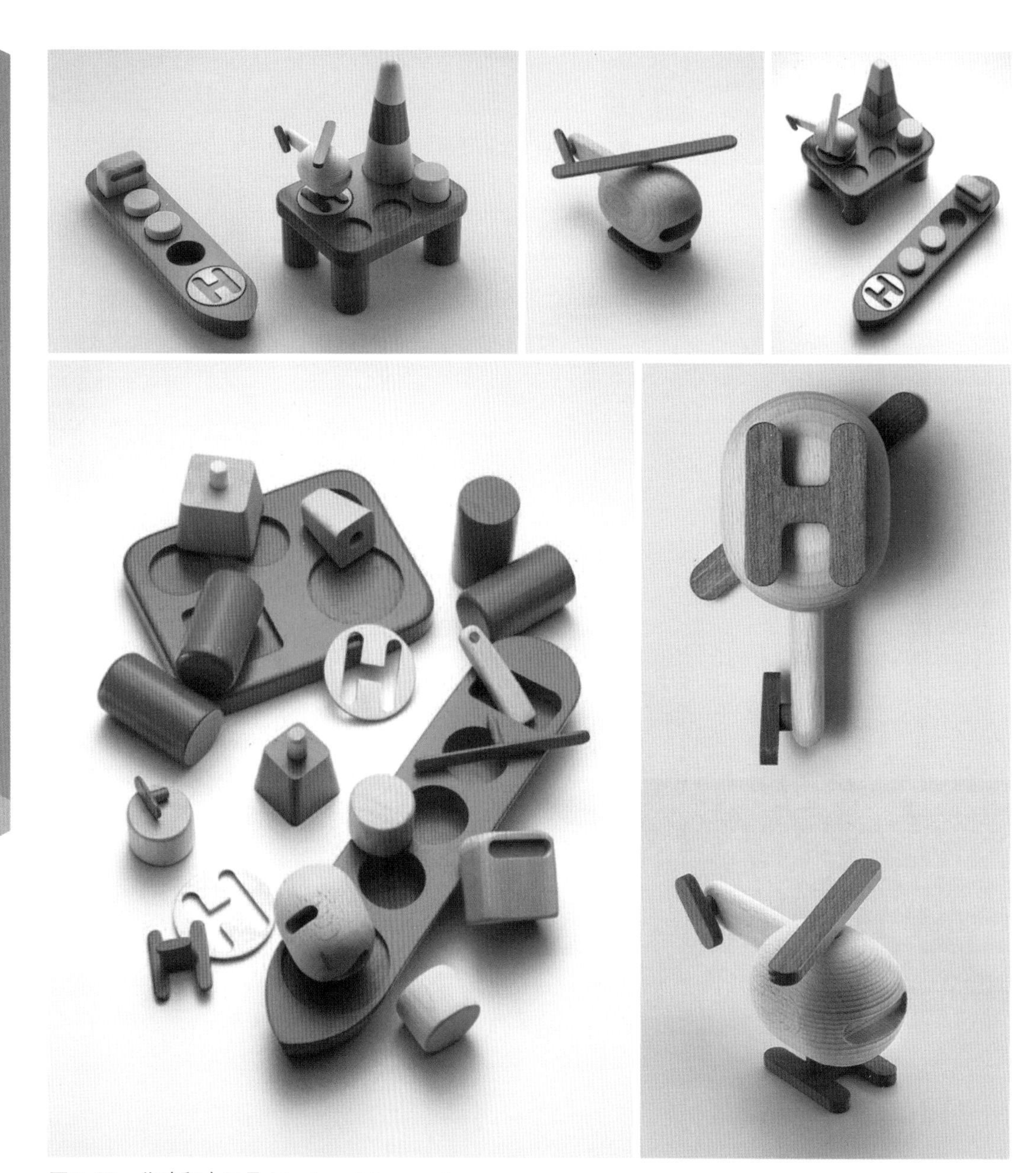

图2-85 北欧积木玩具 / Andreas Murray, etc.

图2-86　布丁豆豆智能机器人 / 北京儒博科技有限公司

3. 作品名称：布丁豆豆智能机器人（2017红点最佳设计奖）

（1）设计企业：北京儒博科技有限公司

（2）设计解码：布丁豆豆是一款荣获IDG全球儿童智能机器人金奖、红点奖最高荣誉best of the best奖的儿童智能机器人，它用专业、科学、有趣的方式，将AI（人工智能）互动体验与浸入式英文学习场景相结合，激发3-10岁孩子的英文学习兴趣，在轻松自由的氛围中体验探索世界、获得知识的乐趣（如图2-86）。

三、设计案例——学生作品案例

儿童敏感期感知训练玩具

1. 作品名称：儿童敏感期感知训练玩具（扫码链接视频）

（1）院校：广东轻工职业技术学院

（2）设计师：陈梓锐

（3）设计解码：该系列儿童感知训练玩具，主要是针对处于敏感期的儿童（2-4岁）所设计的。通过简单几何形拼装+ 材料与速度认知的形式，让孩子用手指去触摸材质、用眼睛去辨识形状、用耳朵去辨别材料碰撞的声音，感知不同物体的形状、材质、温度、软硬度、摩擦力等，训练孩子的敏感度。孩子在拼装玩耍的过程中，了解基本形态的对应关系；了解不同材质（金属、硅胶、布、树脂）的软硬度及触摸的温度；了解不同材质与肌理产生的摩擦力与速度的关系，增强孩子的感知能力，让孩子在敏感期中，能得到更好的锻炼，激发出孩子的潜力和非凡的创造力，让孩子更加健康快乐地成长（如图2-87）。

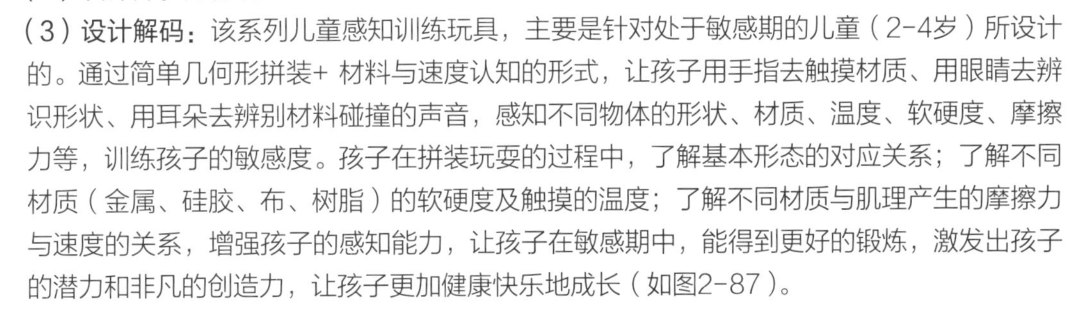

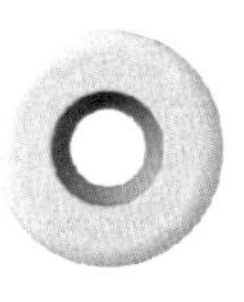
布
光滑

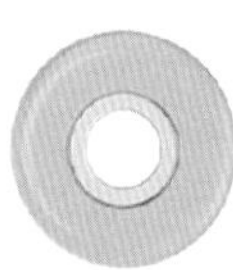
树脂
光滑

金属
光滑

硅胶
光滑

硅胶
细纹路

硅胶
粗纹路

图2-87　儿童敏感期感知训练玩具 / 广东轻工职业技术学院　陈梓锐 / 杨淳指导

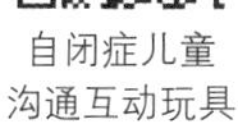

自闭症儿童
沟通互动玩具

2. 作品名称：自闭症儿童沟通互动玩具（扫码链接视频）

（1）**院校：**广东轻工职业技术学院

（2）**设计师：**刘启森　梁恩怡

（3）**设计解码：**世界有群叫星星的孩子，又称为自闭症儿童，他们不会像普通孩子一样主动说话，闻而不听，视而不见。而这套互动玩具的设计重点是“如何引导说话，使其爱上说话”。套装包括车、喇叭、电话机。玩具车富有趣味的吹气动力方式，吸引小朋友的眼球，在玩耍的同时小朋友可以感受到自己的气息大小，锻炼口腔肌肉。喇叭通过拉伸的结构，通过手动拉伸控制来感受说话音量。电话机通过形象生动的传话筒，吸引儿童感受跟别人谈话的乐趣（如图2-88）。

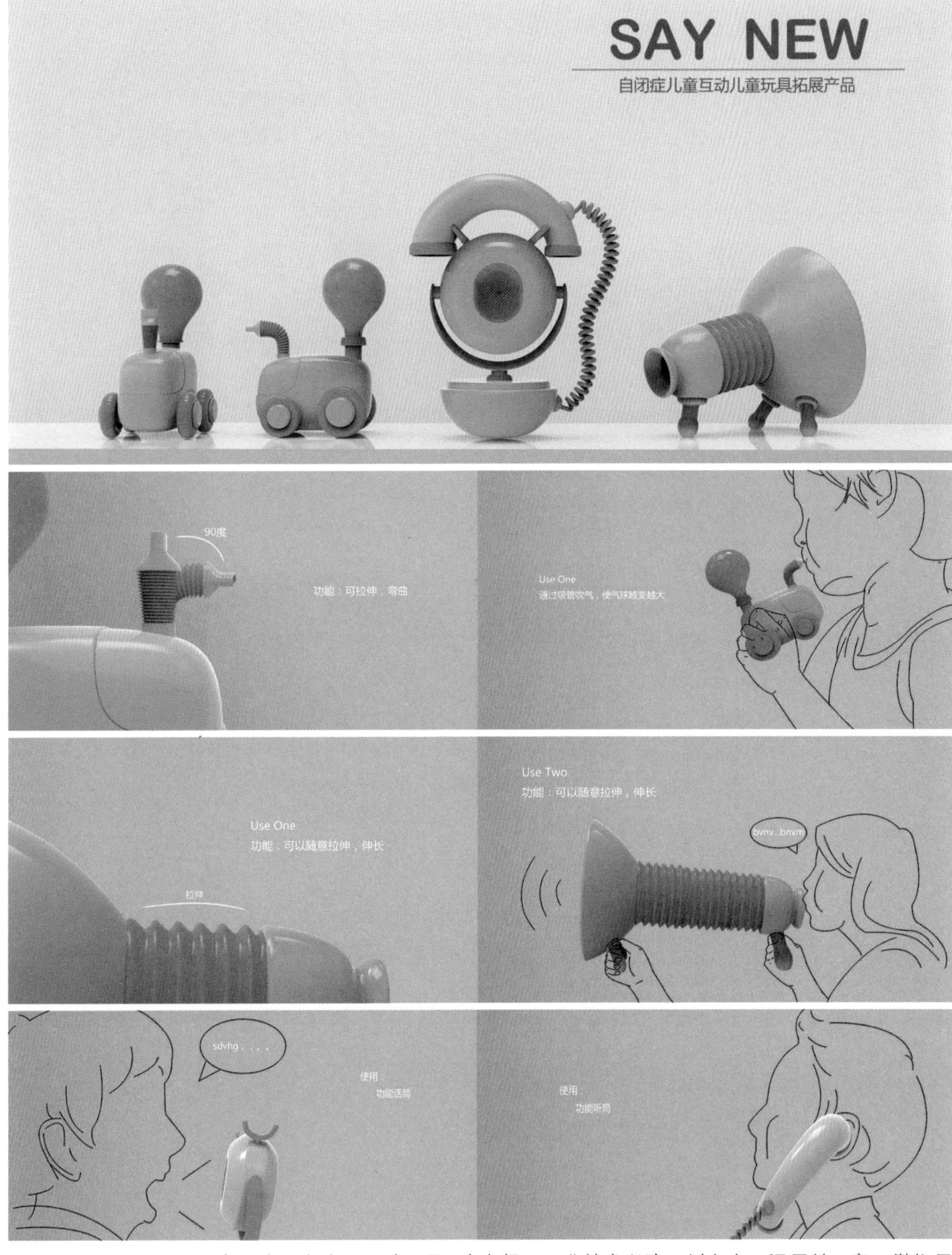

图2-88　自闭症儿童沟通互动玩具 / 广东轻工职业技术学院　刘启森　梁恩怡 / 廖乃徵指导

3. 作品名称：pig nose口哨糖（2019全球吉庆生肖设计大赛金奖）

（1）院校：广州美术学院

（2）设计师：陈锦溪　方良芳　吴畅

（3）设计解码：我们都知道，猪的鼻子会发出“哼哼”的声音，本设计以此为切入点，使之与传统的口哨糖相结合，做成一个像猪鼻子一样的口哨糖。这样在吃与玩乐的过程中产生一种模仿的趣味，使看似只能发出声音的口哨糖变得更有趣，更被小孩子所喜爱（如图2-89）。

图2-89　pig nose口哨糖 / 陈锦溪　方良芳　吴畅 / 磨炼指导

四、知识点

1. 儿童用品设计的基本要点

（1）安全性

安全是人的身心免受外界不利因素影响的存在状态以及保障条件。儿童用品所引发的安全事故，其产生的原因主要包含两个层面的因素，一个是产品本身的因素，另一个是使用者的行为因素。

儿童用品本身的安全性问题主要表现在化学的和物理的两个方面。化学方面的安全隐患指重金属、卤族元素等有害元素的存在。目前，重金属含量问题涉及许多表面有彩色图案的产品，如玩具、文具等。物理安全主要指形态、结构方面的安全，如锋利的边缘、小的部件、细的缝隙等。

儿童的行为特征增添了儿童用品的安全隐患，儿童无论是生理还是心理方面都不够成熟，其行为有着诸多不同于成年人的地方，幼稚、莽撞是其基本的特征，这增添了儿童用品使用过程中的安全隐患。

设计儿童用品时要把安全性放在首位，研究儿童的行为习惯，依据国家安全法规，从细节出发解决物理方面存在的问题，提高儿童用品的安全性。例如日本设计师柴田文江设计的儿童产品，形态圆润饱满，使用起来安全舒适（如图2-90）。又如，这套ROUNDED RULER（环形标尺）的外形为大圆角，把刻度放在尺子内部，这样可以最大限度地提高儿童使用的安全性（如图2-91）。

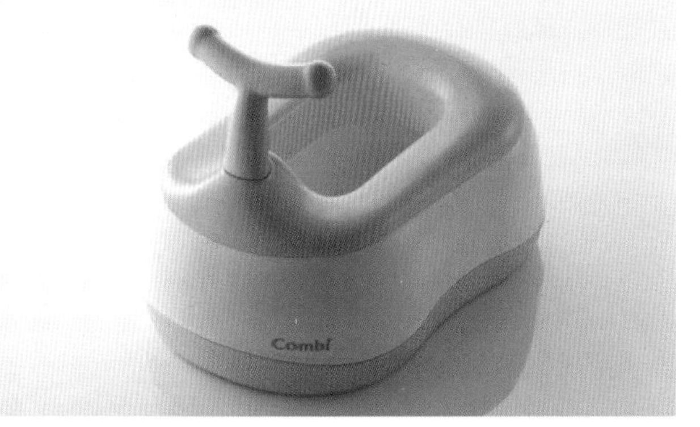

图2-90　水杯、水壶、坐便器 / 柴田文江 / 日本

（2）卡通性

受儿童生理和心理特点的影响，学龄前后的儿童的思维比较直观和具象，缺乏逻辑思维和理性分析，活泼可爱、生动有趣的卡通形象容易吸引他们的注意。卡通形态能够促进儿童的形象思维、创造性思维。将所要塑造的原型进行卡通处理，更利于创造出儿童喜爱的形态。

学龄初期的儿童更偏爱红、黄、绿色等明快、鲜艳的卡通色彩。所以我们在进行儿童用品的色彩设计时，不但要遵循一些基本的配色原则，还要结合儿童的色彩心理和年龄特点，为产品的形态赋予合适的色彩，以增强其卡通特色。

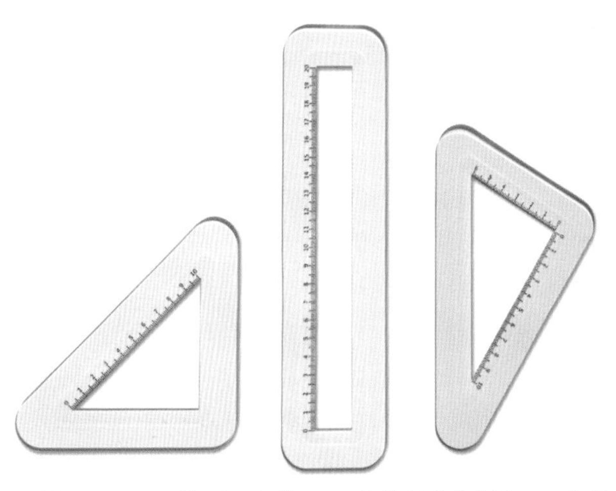

图2-91　环形标尺 / 东莞GAFA文化创意有限公司 / 中国

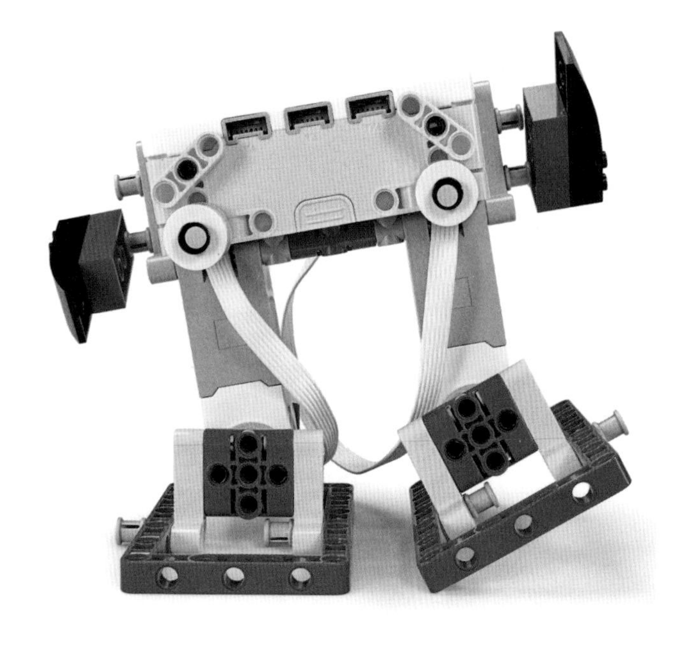

图2-92　Spike Prime可编程套件 / 乐高

（3）趣味性

考虑到儿童好动且注意力不易集中的特点，儿童用品设计必须具有趣味性。趣味一词，从本意上来讲，是使人愉快、有吸引力、感到有趣的特性，儿童用品的趣味性主要来源于使用过程中获得的体验。在儿童用品的使用过程中，可通过游戏，通过与产品的沟通、互动以及主动参与获得趣味性。例如乐高推出的Spike Prime是一款针对11-14岁孩子的可编程套件，可以与常规乐高积木兼容，孩子们可以自由发挥创意，拼凑各种模型，而且可以让它动起来，提高学习的趣味（如图2-92）。

2. 儿童用品设计常用的处理手法——仿生设计

（1）产品仿生设计的类型

进入21世纪，仿生学已成为现代科学技术的前沿和热点领域，模仿自然和生物的各种特性而进行的仿生设计也已成为一种设计潮流。仿生设计分支众多，包括电子仿生设计、机械仿生设计、建筑仿生设计、化学仿生设计、人体仿生设计、分子仿生设计、宇宙仿生设计等。在这里所阐述的主要是与产品设计相关的仿生设计类型，它们分别是形态仿生（具象仿生、抽象仿生）、功能仿生、结构仿生、色彩仿生。

①具象仿生

具象仿生是一种对模仿对象外在特征的直接模仿与借鉴，以追求设计作品与模仿对象之间外形特征的形式相似性为主要目标的设计手法。具象一般是指人物、动物、植物等客观存在的形态，是根据视觉经验可以识别、辨别的形体，因此，具象仿生强调的是一目了然式的识别性与认同感，使产品的形态具有情趣，活泼可爱。这种方式多运用在玩具、工艺品、简单的日常生活用品的设计中。

Alessi 手表是比较经典的款式，它向来以简洁设计而被人喜欢，手表和表盘可以分离出来的，把它放置于一个可爱的公鸡嘴部就变成了一款会打鸣的公鸡闹钟了“因为它是一只公鸡，所以在早晨的时候它会按时地叫你起床”，是一个很有趣的设计。以它为基础，设计师Thom Doyle又设计了猴子闹钟，这两款产品是对公鸡和猴子的具象模仿（如图2-93、图2-94）。

②抽象仿生

抽象仿生，它是一种对模仿对象的内在神韵或外在形象特征进行提炼、概括基础上的模仿与借鉴，强调的是神似，甚至是在似与不似之间的微妙把握。抽象仿生的形态具有如下两个特点。

第一，抽象仿生的形态具有高度的概括性。

在研究形态时，设计者从知觉和心理角度将形象特征进行提炼、概括，再通过形态抽象变化，用点、线、面的组合来再现模仿对象。因此，在形态上表现出概括性。这种对形态进行的提炼和概括，正好吻合现代工业产品的要求，因此，它大量应用于现代产品设计中。例如：通过抽象仿生手法设计的Moobo-Baby Bottle（婴儿奶瓶），在形态上对奶牛和乳头进行模仿，采用日本医用级硅胶制成，当婴儿抱着软软的Moobo瓶，就好像身处在母亲温暖的怀抱（如图2-95）。又如抓住兔子耳朵的典型特征设计的儿童背包（如图2-96）。

Borearis柱状地灯模仿罂粟花的形态，其过程如图2-97所示，通过对罂粟花外形特征进行概括得出产品的基本形态，结合灯具的结构和玻璃材质的工艺特点，在此基础上进行实体模型的推敲，对质感、色彩等细节进行优化与再创造，最终完成了对罂粟花的高度抽象化模仿。

图2-93 公鸡闹钟 / Jeremy Connell / ALESSI

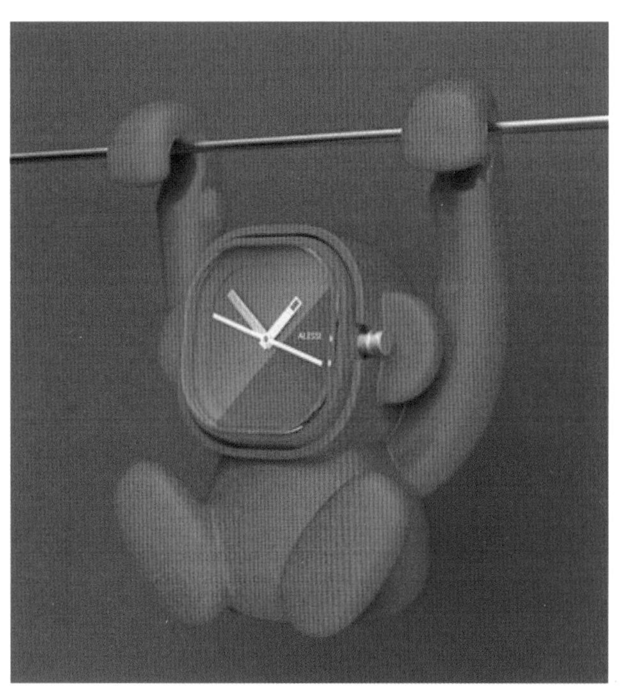

图2-94 猴子闹钟 / Thom Doyle / ALESSI

图2-95 Moobo-Baby Bottle / BABY KINGDOM

图2-96 儿童背包 / PLAY JELLO

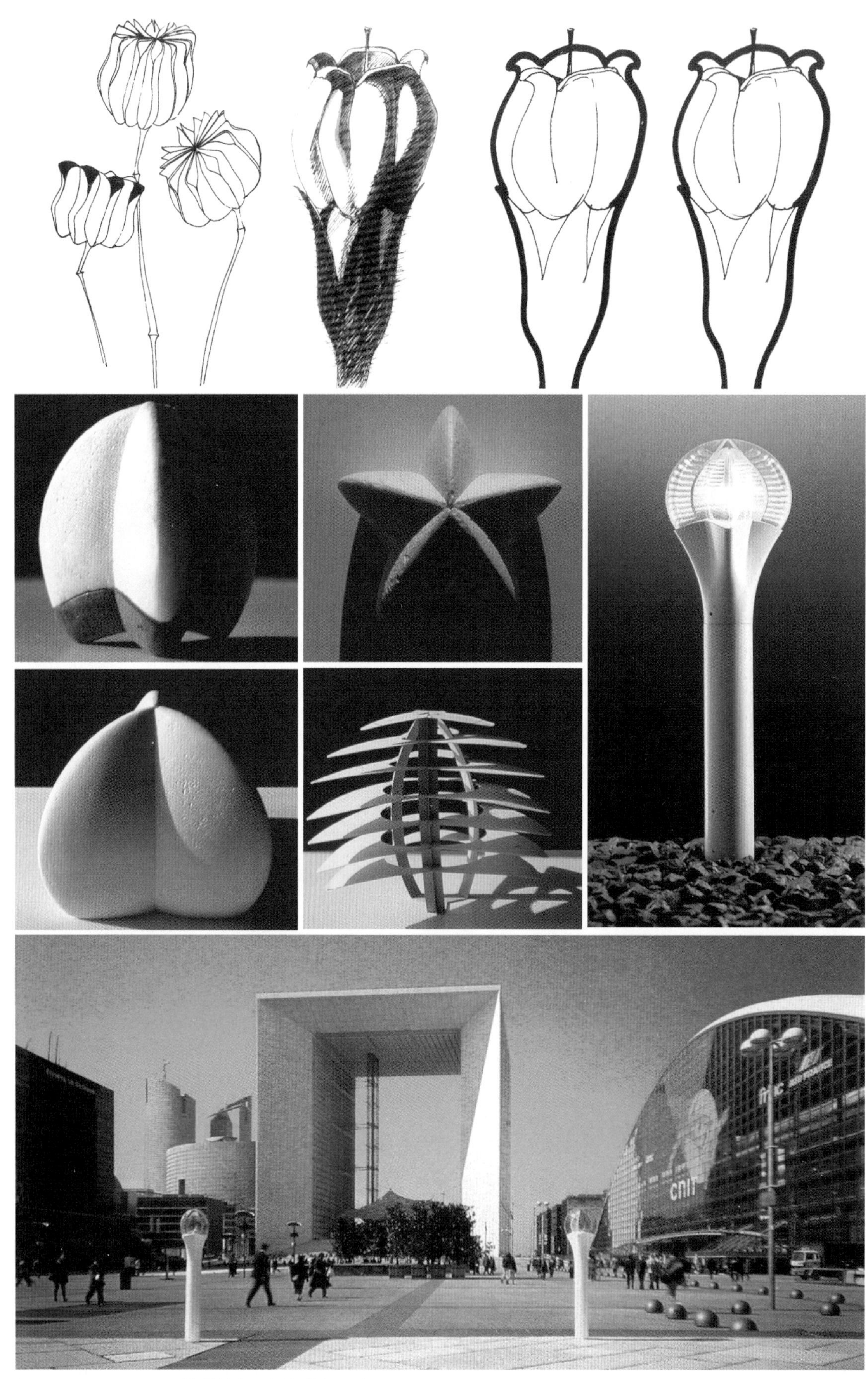

图2-97　BOREARIS柱状地灯 / 新凯旋门 / 法国

第二，同一具象形态的抽象仿生形态具有多样性。

设计者在对同一具象形态进行抽象化的过程中，由于生活经验、抽象方式方法以及表现手法不同，因此抽象化所得到的形态有较大的差异，呈现出丰富的多样性特征。例如：同样是以“青蛙”为原型的抽象形态仿生设计，在青蛙绕线器（如图2-98）、大青蛙3.0转椅（如图2-99）和鼠标（如图2-100）、青蛙王子弹簧摆件（如图2-101）的设计中，虽然都抓住了青蛙的主要特征，但表现出完全不同的“青蛙”印象。

③功能仿生

功能仿生主要是研究生物体和自然界物质存在的功能原理，深入分析生物原形的功能与构造、功能与形态的关系，综合表现在产品形态设计中的方法。例如人类模仿昆虫单复眼的构造特点，制造出大屏幕模块化彩电和复眼照相机；模仿狗鼻子嗅觉功能，制造出电子鼻，可以检测出极其微量的有毒气体；模仿蝙蝠的天然雷达能够避免碰撞的原理，用电磁波代替声波，制造出雷达系统（如图2-102）。

图2-98　青蛙绕线器 / MYDOOB / 韩国

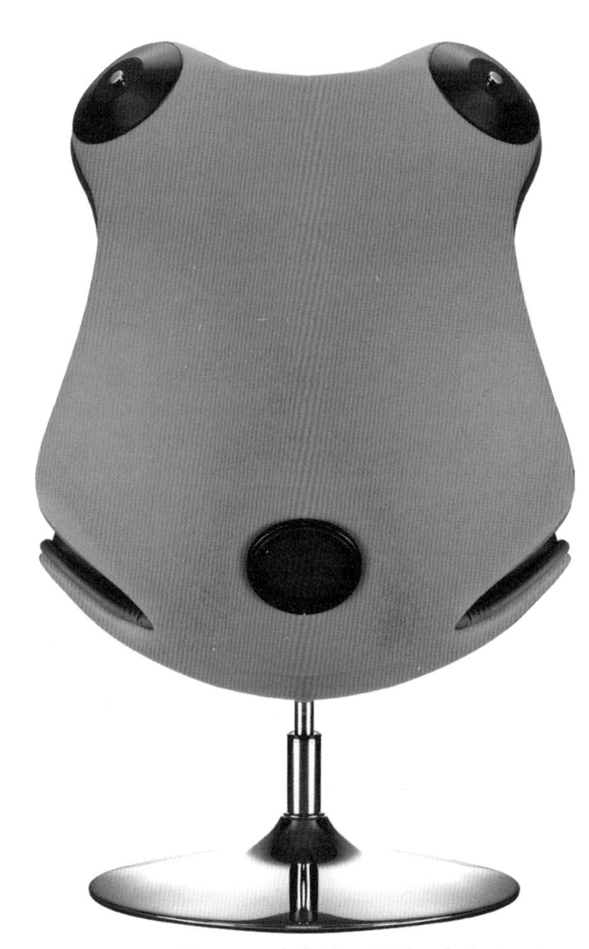

图2-99　大青蛙3.0转椅 / 多米尼 / 中国

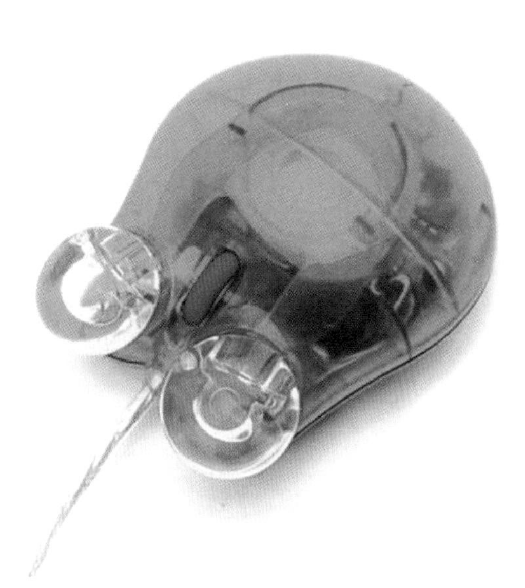
图2-100　青蛙鼠标 / MYDOOB / 韩国

图2-101　青蛙王子弹簧摆件 / HOPTIMIST / 丹麦

图2-102　雷达系统 / 天基

图2-103　铲土机 / JCM / 中国

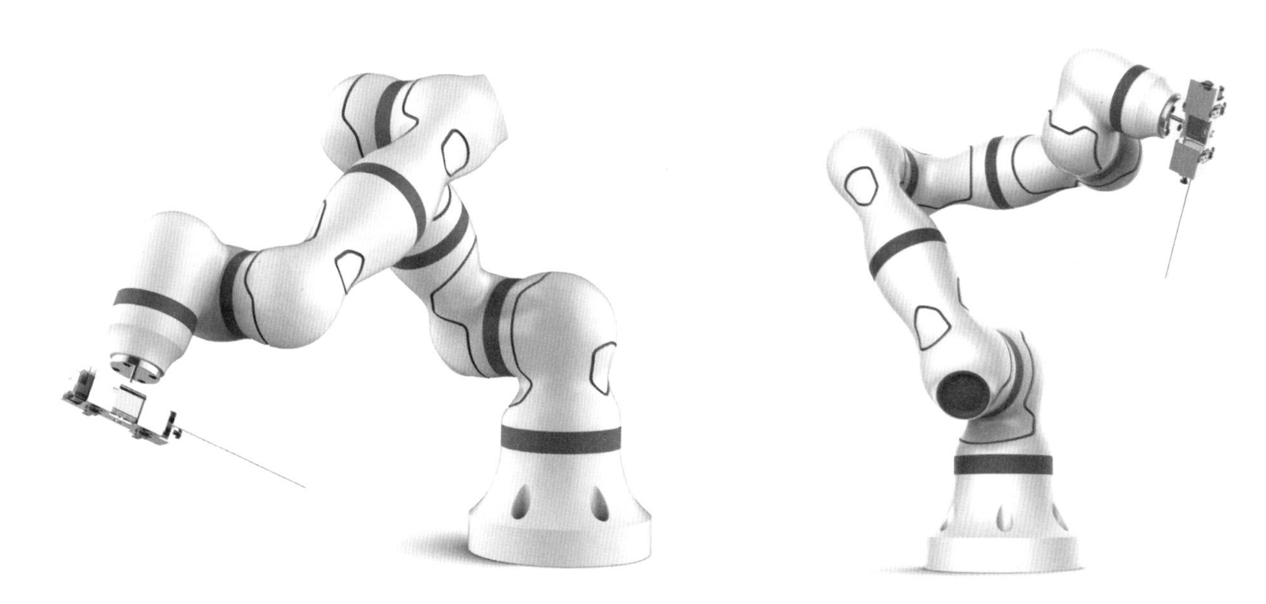

图2-104　七轴智能协作臂 / 哈尔滨工业大学机器人与系统国家重点实验室

④结构仿生

结构仿生主要是研究生物体和自然界物质存在的内部结构原理在设计中的应用问题，通过研究生物整体或部分的构造组织方式，发现其与产品的潜在相似性进而对其模仿，以创造新的形态或解决新的问题。结构仿生研究最多的是植物的茎、叶以及动物形体、肌肉、骨骼的结构。因为是在结构原理上的仿生，其仿生借鉴的主要是对象的内在特征，对产品外在形态特征的影响有时非常明显，有时又不是很明显。例如：铲土机的机械臂的工作原理就是模仿螳螂的前臂结构，实现可以自由伸缩的功能，产品的形态上也留下了仿生痕迹（如图2-103）。又如哈尔滨工业大学机器人与系统国家重点实验室研发的七轴智能协作臂以人体手臂结构为模型，可精确控制手术器械（如图2-104）。

⑤色彩仿生

自然界中存在着千姿百态的色彩组合，在这些组合中大量的色彩表现得极其和谐与统一，体现出色彩理论中的各种对比与调和关系，并经过不断进化以适合物种生存的需要。色彩仿生是指通过研究自然界生物系统的优异色彩功能和形式，并将其运用到产品形态设计中。

例如：色彩的掩护作用是一种光学上的掩饰，一种迟缓获取视觉信息的欺骗性伪装。自然界中有很多动物能随环境的变化迅速改变体色来保护自己。色彩的这种保护、伪装作用首先被人类借鉴于国防工业，陆军的“迷彩坦克”就是很好的例子，绿色或黄褐色斑点与野战中周围的环境色近似，起到掩护主体对象不易被敌方发现、提高安全性的目的。又如阿克伦大学生物学副教授马修·夏凯和他的同事阿里·德赫诺瓦利教授正在试图制造出一种特殊的合成颗粒，以模仿从鸟类羽毛中发现的黑色素颗粒。这种微小的含有黑色素的合成颗粒能让材料形成像鸟类的羽毛一样不会褪色的色泽。

（2）产品仿生设计的步骤

第一，选定模仿的对象，对其形态特征进行比较分析，明确造型的基本要素；

第二，对形态要素进行适度的提炼，运用变形、夸张等手法完成产品的雏形设计；

第三，结合产品功能及制造技术的要求，在产品雏形的基础上再进行反复推敲，直至完成最终的产品形态设计。

例如：“小鹿物语”儿童电动牙刷通过3分钟的定时提醒功能让孩子能保证一定的牙齿清洁时间，防止蛀牙；整体收纳方式，让小孩养成良好的收纳习惯。在形态设计上，选择长颈鹿吃树叶的状态作为设计的母体，结合产品功能将牙刷的把手做成长颈鹿的抽象形态，杯子和底部的支撑架做成树的抽象形态，加上斑点的细节处理，强化的长颈鹿的特征，整体造型生动可爱，充满趣味性和亲和力（如图2-105、图2-106）。

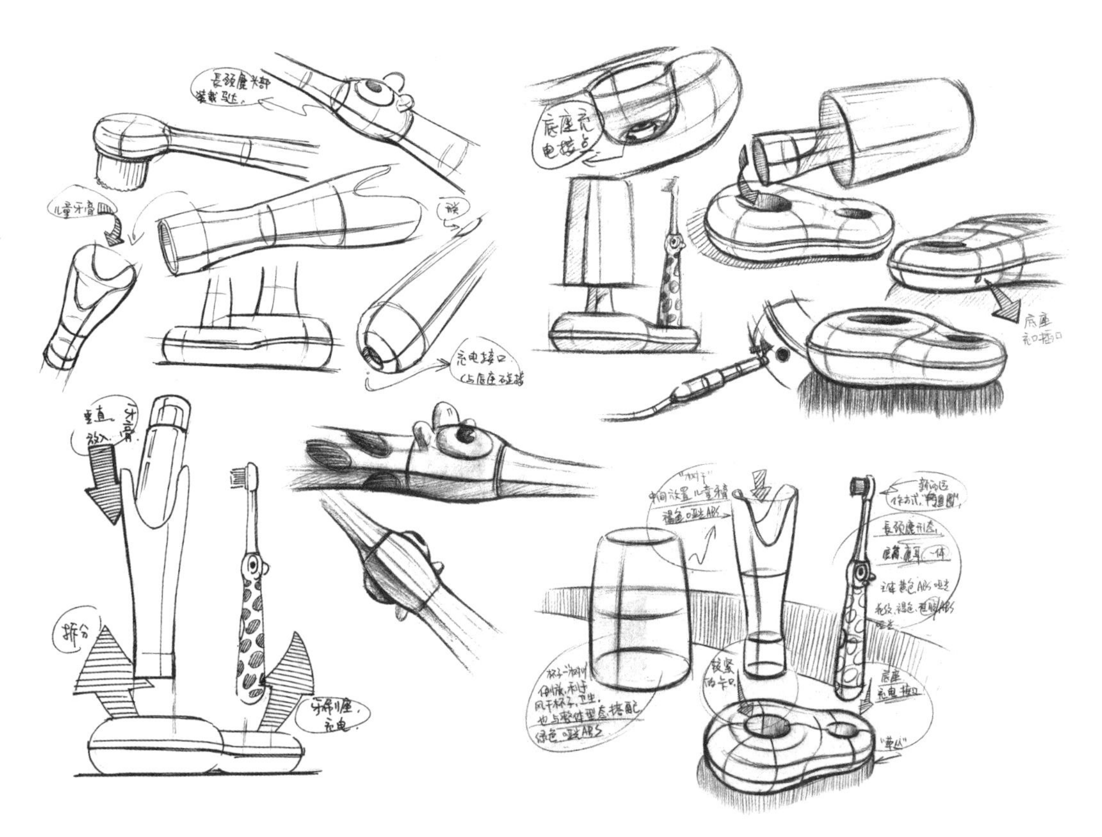

图2-105 “小鹿物语”儿童电动牙刷设计草图 / 广东轻工职业技术学院 庄彪 / 杨淳指导

图2-106 "小鹿物语"儿童电动牙刷 / 广东轻工职业技术学院 庄彪 / 杨淳指导

"小鹿物语"
儿童电动牙刷

"小鹿物语"儿童电动牙刷套件设计报告书

五、实战程序（课时可根据实际教学需要安排，建议安排为课堂外完成）

本章节的儿童用品类项目的实战程序，与生活用品类的实战程序类似，本节就不具体展开示范，可参照生活用品项目的实战程序部分，结合自选项目变通实施。但基于用户的特殊性，这一类项目在进行实战时要关注以下要点。

1. 进行用户研究分析时要关注产品的使用者与购买者之间的关系

儿童用品的使用者是儿童，但购买者大多是成年人，两者的认知及心理需求是不同的。儿童在看到某一产品时，第一印象会直观地来源于物的形象，主要包括产品的形状、色彩、材料、肌理等形象要素。然后通过使用才开始了解它的功能、基本结构及操作方式，最后常要在大人的引导下才上升为全面的认知。这种认知规律导致他们在选择产品时更加关注产品是否可爱、趣味与好玩，而成年人多关注安全、品质、价格以及文化内涵。因此，进行用户研究时，对使用者与购买者都要进行分析，尽量收集更多的资料，洞察用户真实需求。

2. 在进行产品策划时，需进行产品定位，包含市场定位、渠道定位、人群定位、价格定位

人群定位要精准，要考虑不同年龄段儿童的生理、心理特点的变化对产品提出的要求。儿童生理特征的变化主要体现在身高、体重及大脑、感知和视觉等方面；心理特点的改变主要包括对事物的认知、人际关系、情绪和性格等。以阅读类产品为例，良好的阅读体验可以调动少儿的主体认知兴趣，促成阅读主体与客体的积极互动，形成多种感官参与的、有效的内化思维，激发少儿的阅读和学习兴趣。因此分析不同年龄段儿童的阅读特征与认知特点非常重要（如表2-18），进行产品策划时要依据儿童的内在需要，明确定位用户年龄段，才能设计出儿童喜爱的阅读类产品。

表2-18 不同年龄段儿童的阅读特征与认知特点

年龄	阅读需求	认知及阅读特点
0-3岁	感官体验需求期	这一时期的婴幼儿绝大部分感知信息来自视觉、触觉、听觉。他们缺乏语言表达能力，更倾向于依赖感官刺激来判断自己的喜好。明快的颜色、柔软舒适的触感、与母亲体味相似的气味都可以是影响他们接受、排斥新事物的标准。因为手指与大脑的多个功能区都有密切的联系，因此，增强手指与新事物的接触，可以很好地帮助婴儿刺激大脑脑干，从而形成负责文字书写的脑神经网络区
3-7岁	情感体验需求期	这一时期也叫学前初期。这个时期的儿童开始表达自己的情感，在阅读时渐渐开始学会情感代入，不自觉地将书中某个特定人物与自己联系起来。他们会主动抚摸一些玩具，以特有的方式表达对钟爱之物的依赖，比如反复读同一本书、关心书中某个人物的结局、随着书中情节流泪、兴奋等。他们自己意识不到的是，他们对世界的认识，正在从感知过渡到认知，驱动这个过渡的正是他们带有情感的好奇心。受情感的驱使，该时期的儿童更愿意与妈妈共读，对母亲的依偎让他们的共读体验更舒适、更放松，也实现了与亲人、环境的情感共鸣
7-12岁	互动体验需求期	处在学龄期的儿童，在经历了一定的知识储备之后，全面向未知探索。他们开始标榜自己的观点，乐于表现，喜欢分享、辩论。在阅读时，他们也更喜欢参与其中，以各种形式与书中内容互动，甚至自己创作、改变作品，用各种动态手段演绎、实践书本内容。该时期的儿童社交欲望强烈，期待以阅读为切入点，通过与他人交换阅读体会来获得其他社会角色的认同，从而找到存在感
12-14岁	娱乐体验需求期	这时的儿童正经历青春期，思维处于高度活跃阶段。接受学校教育的他们依靠知识的积累开始主动探索未知世界，逻辑思维能力得到了进一步提升，不再局限于具体的事物，已经开始喜欢在阅读时主动进行推断、分析。这时期的儿童敢于尝试，追新求异，热衷于各种娱乐形式带给他们的快感。他们追求即刻式的展示，兴趣点转移很快，对新信息技术保持高度的敏感度。这一时期的儿童是数字阅读的主要群体，当然，其阅读内容除了学业相关知识，有一大部分数字资源属于娱乐和消遣性质。这一时期也是网瘾高发期，需要科学引导，以防互联网的滥用对儿童身心、智力的过度消耗

第三节　项目范例三：IT产品设计

人类技术进步经历了石器、青铜器、铁器、蒸汽机、电气、电子等不同的时代。每次进步都给人类生活带来巨大的冲击和飞速的发展。各个时代的产品设计有着不一样的特征，工作内容甚至是工作方法都差别甚大。当今社会在互联网背景下IT产品盛行，并左右着每一个人的生活，在IT产品的设计中，不仅引出了“交互设计”的概念，而且还要面对“非物质设计”这一事实，产品的功能（或服务）可以不经常规的制造而产生。本章选择IT产品为项目实训案例，希望引导学生对IT技术的重视和对未来设计趋势的关注。

一、项目要求

项目背景：信息时代的来临给生活带来了巨大的变化，也给设计带来机会和新的思考方式，因此研究人机交互设计有着重要意义。 通过本项目的训练使学生掌握IT产品的设计要点和方法，遵循从“概念提炼→创意展开→方案形成→成果发布”的完整程序，设计出满足用户需求、符合IT产品特征、创新性高的IT产品。

项目名称：IT产品设计
项目内容：IT产品的创新设计
训练目的：A. 通过训练，掌握IT产品设计的基本知识点；
B. 学习IT产品设计的方法与程序；
C. 培养团队协作、口头表达、设计表现等能力。

教学方式：A. 理论教学采取多媒体集中授课方式；
B. 实践教学采取分组研讨、实操等方式；
C. 利用《产品设计》网络课程平台，开辟网上虚拟课堂；
D. 结合企业现场教学及名师讲座。

教学要求：A. 多采用实例教学，选材力求新颖；
B. 教学手段多样，尽量因材施教；
C. 设计的IT产品要符合市场及用户需求；
D. 作业要求：调研PPT一份；设计草图50张；草模多个；产品效果图、使用状态图多张；版面两张；工程图纸一份；外观模型一个；最终汇报PPT一份。

作业评价：A. 创新性：概念提炼，创新度；
B. 表现性：方案的草图表现，效果表现，模型表现及版面表现；
C. 完整性：问题的解决程度，执行及表达的完善度，实现的可行性。

二、设计案例

1. 作品名称：Fitbit Charge 3

（1）设计单位：Fitbit

（2）设计解码：Fitbit Charge 3 智能手环是Charge系列的最新升级款，采用全新设计，具有更智能，更清晰，更大的触摸背光显示屏，电池续航时间长达7天。健康和健身追踪器可帮助用户了解有关身体的一切知识，了解自己的健康状况，并加以改善。自动识别跑步、游泳、椭圆机、体育竞技等锻炼，并随后在Fitbit 应用程序中进行记录。了解浅睡眠、深睡眠和REM 睡眠阶段的持续时间，了解每晚睡眠状况以及如何改善。通过连接智能手机，可实现电话和日历提醒、短信通知和快速回复，让用户随时随地与外界保持联系，防水深度达50米，可在泳池中或淋浴时佩戴，自动开始游泳活动数据的记录。还具有女性健康跟踪功能，如追踪经期、记录症状、查看排卵预测等（如图2-107、图2-108）。

图2-107　Fitbit Charge 3 / Fitbit

图2-108　Fitbit Charge 3（正面）/ Fitbit

2. 作品名称：5G Mate X折叠屏手机

（1）设计单位：华为公司

（2）设计解码：华为5G Mate X折叠屏手机采用了独创的鹰翼折叠设计，由特殊材质和制作工艺打造的铰链结构以及8英寸柔性显示屏，于开合之间，带给用户平板与手机的自由切换体验：闭合后，它是一个双屏手机，前后分别有6.6英寸和6.38英寸的屏幕；展开后，它是一个8英寸的平板，而且厚度只有5.4毫米，集合了智能手机便携性和平板电脑的大屏双重优势（如图2-109、图2-110）。

图2-109　5G Mate X折叠屏手机 / 华为

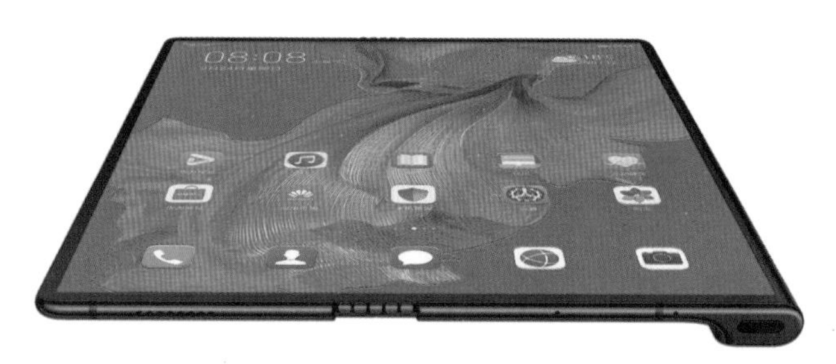

图2-110　5G Mate X折叠屏手机（展开铺平）/ 华为

3. 作品名称：APPLE产品系列

（1）生产企业：APPLE公司

（2）设计解码：苹果品牌的文化特征：创新、冒险、注重细节、团队取向；

（3）苹果产品开发设计的理念：创新、个性、人性化；

（4）苹果产品的主要特征：与众不同的个性、完美的细节处理、精致的工艺品质、人性化的使用操作、简约时尚的风格（如图2-111至图2-118）。

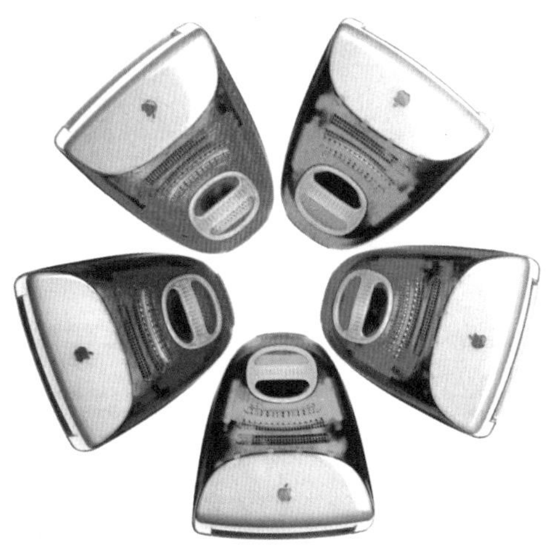
图2-111　iMac G3电脑 / APPLE / 1998

图2-112　Power Mac G4电脑 / APPLE / 2000

图2-113　iMac G4电脑 / APPLE / 2003

图2-114　iPod Nano 3 / APPLE / 2007

图2-115　iPad Air 2 / APPLE / 2014

图2-116　MacBook AIR / APPLE / 2018

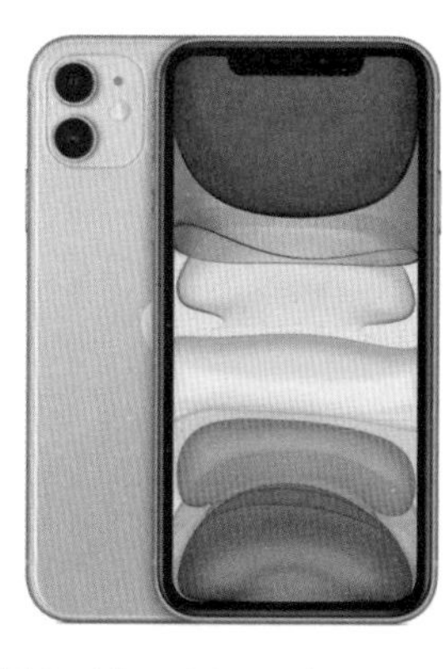

图2-117 iphone11、iphone11pro / APPLE / 2019

图2-118 Apple Watch Series 5 / APPLE / 2019

APPLE品牌的成功，是因为身为CEO的乔布斯，有着敏锐的市场洞察力和天才式先验性用户体验的创新思想，能清晰地提出产品的概念；也是因为他非常重视工业设计，并将其摆在企业经营战略的高度来认真对待，用工业设计来统筹产品的创新工作；更是因他成功地让APPLE集研发、制造和营销高度一体的完整（封闭）体系之“硬实力”，成了设计“软实力”在产品创新中得到不折不扣体现的有力保障。

苹果公司的设计总监兼副总裁乔纳森·艾维，1993年加入苹果公司，自从1998年设计出第一台iMac后，又设计出了iPod、iPhone和iPad。他同时帮助苹果成功扭转颓势，营业额超越谷歌和微软。艾维指出，好的设计由用途、外观和内在诉求三个要素组成。最重要的就是它的内在诉求，即产品的特色和它带给用户的使用感觉。在接受《时代》杂志采访时，他特别提到：“设计一台与众不同的计算机很简单，难的是如何让使用者感到贴心好用。”艾维设计过的东西有一个共同点：造型新颖、充满情趣。

三、知识点

IT产品是指在信息技术背景下，运用计算机科学和通信技术，进行各种信息生产、处理、交换与传播的相关产品。比如：电脑、手机、数码相机、数码摄像机、数字电视机、PDA、智能手表、游戏机等。信息技术的发展，对传统的生活方式和产品都造成了巨大的冲击，智能化家居、可穿戴设备正在逐步成为人们现代生活的基本武装。未来IT产品的发展趋势，整体上应该是从提升性能和体验出发，技术进步必将带来体验上的提升，而体验提升也要依靠外观形态和应用性能的变化。

1. IT产品的基本特征

（1）界面易用化

IT产品设计从某种意义上来说也是一种信息传达设计。对于IT产品设计师的要求不仅是为一项具有特定功能的工业产品寻找一个合适的外形，更重要的是为产品的功能安排一个合理的使用逻辑，然后通过产品造型语言和UI界面设计把它传达给使用者。如果把设计师设计产品看作是为产品的功能“编写”合适的剧本，使用者对产品的使用便可以看作是演员在进行演出。“剧本”绝对不是产品的使用说明书，而是产品本身。而是否便于消费者使用，产品的功能能否充分发挥出来，以及消费者在使用过程中对产品的满意度，便是所谓的产品的“易用性”。

操作界面有物理界面和软界面两种，物理界面的易用化主要体现在人机交互界面是否合理，特别是控制面板上各种功能按键的认知和操作是否方便上。例如CANON傻瓜照相机是操作界面人性化设计的经典案例，其操作非常简单，省去了手动相机关于光圈、快门、曝光以及对焦设定等一系列的麻烦，实现单键作业，是“易用性”带来照相机市场普及化的功臣。又如Wacom Intuos Pro数位板支持在纸上绘画，通过连接App可以同步录入电脑。对于喜爱手绘或者习惯手绘的画者无疑是最大的福利之一。借助这一功能，不但可以省去重复枯燥的扫描工序，而且只要通过蓝牙或USB连接用户的电子设备就可以通过App随时查看或修改画稿，很大程度上打破了工具对于人们的空间限制。8192级压感，使得用户可以通过控制绘画的力度而展现出清晰的不同粗细和层次的线条，减少了调整画笔大小的时间，让工作更加高效，更为易用（如图2-119）。

又如，这款LG 49WL95C曲屏QHD电脑显示器，屏幕比例为32：9，相当于两个并排布置的16：9显示器的屏幕尺寸。大屏幕区域，可以同时打开多个程序窗口并根据需要进行排列。显示器的高度、倾斜和旋转角度可以调节，造型高贵典雅。用户可以专注于内容并快速、有效、舒适地工作（如图2-120）。

软界面的易用化主要体现在用户对UI界面各种功能是否能快速地认知和操作上。例如微软推出的Surface系统提供了多点触控（Multi-Touch）功能，可以同时辨识多点的触控资讯，可让更多人同时使用一台Surface电脑。

（2）过程互动化

就IT产品而言，互动式的体验是指用户在使用产品的过程中，产品通过自身的感应机制来感应用户的动作、速度、深度、声音等，与用户产生沟通与互动，使两者之间产生某种相互对

图2-119　Wacom Intuos Pro 数位板 / Wacom

图2-120 LG 49WL95C / LG Electronics Inc.，Seoul，South Korea

应关系，借此加深用户对产品的认知、实现产品的功能。设计师在设计时需充分考虑用户在使用过程中的各种心理感受，让用户在精神上得到满足的同时，建立起人与产品之间的和谐互动关系。

例如Kinect是微软给XBOX360游戏机开发的一个体感传感器，配有彩色摄像头、深度传感器、加速度传感器、麦克风阵列。它允许人用身体和声音来操控游戏机，彻底颠覆了游戏只能通过按键操作的方式，满足了人们对于自然人机交互方式的渴望（如图2-121）。

（3）控制智能化

随着信息技术的不断发展，产品的技术含量及复杂程度也越来越高，智能化的概念开始逐渐渗透各行各业以及我们生活中的方方面面，在IT行业的表现相当突出，智能手机、智能手表、智能音箱、智能眼镜等产品相继推出。例如智能音箱是音箱升级的产物，是家庭消费者用语音进行上网的一个工具，比如点播歌曲、上网购物或是了解天气预报，它也可以对智能家居设备进行控制，比如打开窗帘、设置冰箱温度、提前让热水器升温等，如图2-122的天猫精灵CCL能够连接60多个品类、660余平台、3600多个型号，一共2.35亿设备，全面覆盖电视、空调、热水器、扫地机器人、榨汁机等各类不同家用电器。

（4）小型可穿戴

处理器的更小、更快、更省电化发展，加上智能大数据、云存储、云计算、高速无线网的跟进，进一步削弱应用对移动设备终端性能的依赖，为移动设备的进一步小型化创造了条件。

形态微型化的结果在大多数情况下使产品变得便于携带，它为使用者带来方便并在工作和生活中创造新的可能性。近几年来，在计算机领域出现了新的系统技术，即可穿戴计算技术（wearable computing）。顾名思义，可穿戴计算技术就是把计算机“穿”在身上进行应用的技术。近年来许多应用领域都要求计算机能随着人的活动在任何时间、任何地点运行

图2-121　Kinect体感传感器 / 微软美国 / 2010

程序并上网工作，跟着人进行“移动计算”和“移动网络通信”。于是，人们就把计算机从桌面请到了人的身上，通过微小型设计和合理的布局，将各模块分布到人体的各个部位，从而能“穿”在身上，并与人相结合，通过无线传输构成一个移动节点，实现移动网络计算。Google、Apple、Samung都相继推出自己的可穿戴计算设备。在CES2018国际消费电子展中，小米与Oculus联合推出了VR一体机，小米头戴式VR一体机是高性能手机+VR光学系统+传感器+体感手柄的结合，无须连接手机、电脑等设备，就可以随时随地沉浸在丰富震撼的虚拟现实世界中，高精度手柄，体感控制，支持多人游戏，可与好友远程观看全景巨幕视频（如图2-123）。

（5）非物质化

非物质设计是近年来在欧美和日本广泛讨论的热门话题，是一门涉及诸多领域的边缘性学科。非物质（immaterial）的英文原义是“not material”。非物质设计是相对于物质设计而言的。进入后现代或者说信息社会后，电脑作为设计工具，虚拟的、数字化的设计成为与物质设计相对的另一类设计形态，即所谓的非物质设计。而传统的产品设计所提倡的形式与功能等诸多要素，在非物质设计中不再占据主导地位。特别是电脑和网络技术的迅速崛起和扩张，都为信息时代的到来提供了必要的物质条件。未来部分基于虚拟的、数字化基础上的产品功能呈现出非物质性的特征，需求已经从“硬件需求”转化为“软件需求”，产品功能依附于其他的操作平台之上，隐去了自身的物质存在。例如：苹果手机上的指南针和计算器APP界面（如图2-124）。

图2-122　天猫精灵CCL / 浙江天猫科技有限公司

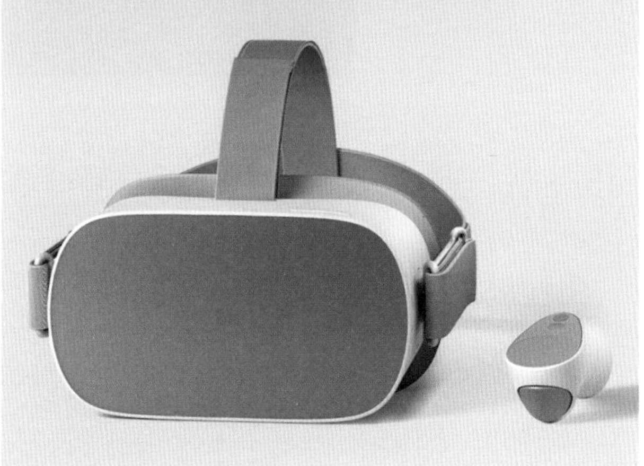

图2-123　VR一体机 / 小米

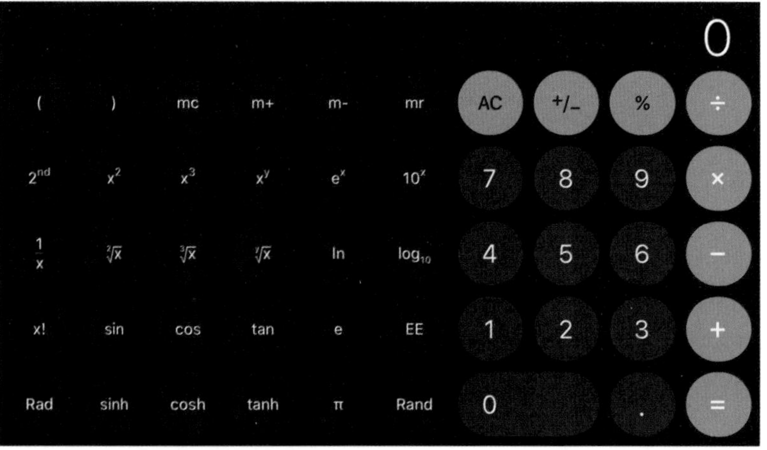

图2-124　苹果手机指南针和计算器APP界面 / APPLE

2. 交互设计的几种方法

（1）以用户为中心的设计

以用户为中心的设计（User Centered Design，简称UCD）背后的哲学简单说来就是：用户知道什么最好。使用产品或是服务的人知道自己的需求、目标和偏好，设计师需要发现这些并为其设计。在和咖啡饮用者交流之前，设计师不应当设计销售咖啡的服务，设计师，不论本意如何良善，都不是用户，设计师就是帮助用户实现目标的。在设计过程的每一个阶段（理想情况下）应寻找用户的参与。事实上，某些设计师将用户看作是共同创作者。以用户为中心的设计思想已经存在很长时间了；此理念来源于工业设计和人类工效学，认为设计师应当让产品适合人而不是相反。在UCD中目标非常重要，设计者关注用户最终想完成什么。设计师定义完成目标的任务和方式，并且始终牢记用户的需求和偏好。简单地说，用户数据贯穿着整个项目，是设计决策的决定性因素。

（2）以活动为中心的设计

以活动为中心的设计（Activity-Centered Design，简称ACD）不关注用户目标和偏好，而主要针对围绕特定任务的行为。ACD来源于活动理论（Activiy Theory），是在20世纪上半叶建立的一个心理框架。活动理论假定人们通过“具象化”（Exteriorized）思维过程来创建工具。决策和个人的内心活动不再被强调，而是关注人们做什么，关注他们共同为工作（或交流）创建的工具。这种哲学很好地转化成了以活动为中心的设计，其中活动和支持活动的工具（不是用户）是设计过程的中心。

和以用户为中心的设计类似，以活动为中心的设计的领悟基础也是研究，虽然方式有所不同。设计师观察并访谈用户，寻求对他们行为（不是目标和动机）的领悟。设计师先列出用户活动和任务，也许补充一些丢失的任务，然后设计解决方案，以帮助用户完成任务。

例如惠普的Spectre Folio可转换电脑，它的外壳由坚固的铬鞣真皮制成，散发着奢华气息。这是有史以来第一次，惠普选择皮革作为整个笔记本电脑的外观材料。当PC关闭时，它看起来就像是皮革笔记本。打开后，盖子上的皮革翻盖充当演示模式的支架，而天然材料皮革提供了愉悦的手感，也为Spectre Folio带来了明显的美感。电脑还配备了一支手写笔，及一个可以粘在笔记本电脑上的笔架。电池寿命良好，是一款围绕用户行为而设计的实用的笔记本电脑（如图2-125）。

（3）系统设计

系统设计（Systems Design）是解决设计问题的一种非常理论化的方式，它利用组件的某种既定安排来创建设计方案。而在用户为中心的设计中，用户位于设计过程的中心，这里的系统是一系列相互作用的实体。系统设计是结构化的，严格的设计方法对解决复杂问题非常有效，可以为设计提供一个整体分析。系统没有忽视用户目标和需求，可以将其设定为系统的目标。但在此方法中，更强调场景而不是用户。使用系统设计的设计师会关注整个使用场景，而不是单个的对象或设备。可以认为系统设计是对产品或是服务将要应用的大场景的严谨观察。系统设计最强大的地方在于，能够以一个全景视图来整体研究项目。

图2-125 Spectre Folio2 / 惠普

四、实战程序（课时可根据实际教学需要安排，建议安排为课堂外完成）

本节的IT产品设计类项目的实战程序，与生活用品类的实战程序类似，本节就不具体展开示范，可参照生活用品项目的实战程序部分，结合自选项目变通实施。但基于用户的特殊性，这一类项目在进行实战时要关注以下要点。

1．在个人IT产品设计中，要注意把控IT产品的形态风格的调性

通常，IT产品由于自身的新技术属性，往往因应技术进步频率较高，产品的生命周期比较短，产品迭代速度快。在产品造型设计中一般都遵循简约风格，注重产品形象（Product Identity）的规划与延续。例如苹果智能手机从iPhone1代发展到iPhone11，PI一直延续着方中带圆、简约精致的特点（如图2-126）。

iPhone1

iPhone4

iPhone6

iPhone8

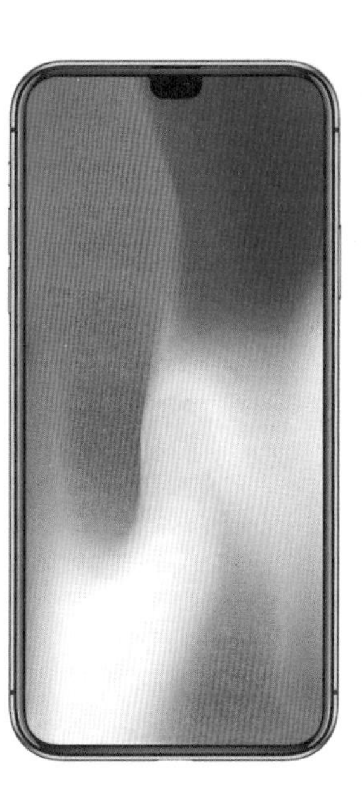

iPhone11

图2-126　苹果手机

2. 在界面设计环节，要对目标的用户群进行针对性的“易用”设计

目前智能产品与老年用户的联系越来越多，智能产品交互界面的优化和改进可以提升老年用户对智能产品的满意度，丰富老年用户使用智能产品的用户体验，减小认知摩擦，让老年用户使用智能产品的过程更加顺利。在产品软界面信息表达上，要考虑到老年用户已建立的认知系统和老年人对新知识较低的接受和学习能力，尽量采用老年熟悉或者简单易学易懂的方

式进行表达。要尽量清晰化交互语义，强调重要功能，放大重要信息，减少老年用户不太熟悉的图标的使用，采用简洁的、辨识度高的文字和色彩，提高功能的可见性，使老年用户能看一眼就懂。在显示测量信息时，提示数值是否属于正常范围。要从向用户传递的信息中引导老年用户如何使用产品，在信息层面主动引导用户进行正确操作。

除了视觉上向老年用户传达信息外，还可以采用听觉上声音信息的传达，增加语音提示功能。在老年与产品在硬界面的操作交互过程设计上，要充分考虑老年人反应慢、容易出错的特征，要尽量减少操作的步骤，达到能一键操作。如图2-127波导F3老年人手机的界面就很适合老年入使用。

图2-127　波导F3老年人手机/恩欧设计

第三章

欣赏与分析

■ 近些年，中国工业设计发展迅猛，中国的原创产品正逐步走进人们的日常生活，部分产品设计机构和设计师也走到了世界舞台的中央，对传统文化的继承和创新运用也已渐成气候。本章囊括国内外优秀设计师和青年学生才俊的优秀作品，力图全面展现当下工业设计实践与教育的整体状况，配以设计解码，剖析设计亮点，给学生一个借鉴、比肩的参照。

第一节　国内外经典作品

本节所选设计师和设计作品尽量考虑到当下的影响力和示范意义，也兼顾了地区和类别的代表性，力图呈现较全面的最新产品设计成果，解析说明也优先选用设计机构和设计师自己的原版文字。对于在本书前面章节中出现过的作品，在这里就不重复介绍。

一、国外有影响力的产品设计大师及其作品

1. 马克·纽森（Marc Newson）

马克·纽森1963年生于悉尼，是世界上最多产、跨度最大、最有影响力的工业设计师。他的代表作包括Orgone Lounge Chair、Alufelt Chair、Ikepod手表、Nike概念鞋等。马克·纽森的名字已经成为新的时尚符号，获得了芝加哥Athaeneum的优秀设计奖、“ELLE家具”的“设计大奖”“Homes&GardenswithV&AMuseum”的“经典设计大奖”等。这个“什么都敢设计”的鬼才设计师，成了“一个为世界制造梦幻曲线的人”。其部分作品如图3-1。

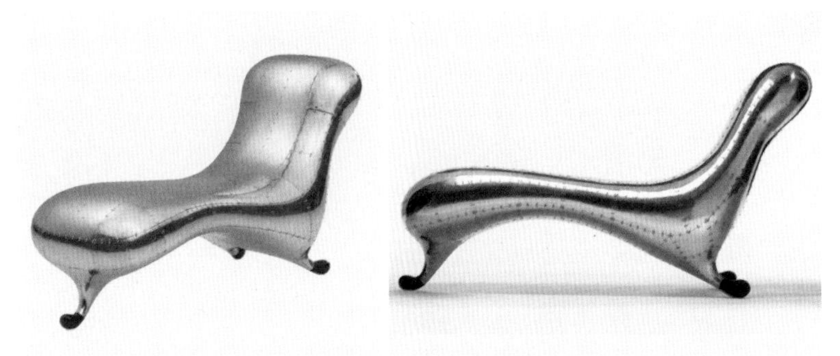

Lockheed Lounge / 1986

Manatee watch / 2001

Orgone Lounge Chair / 1993

Kettl & toaster / 2015

Nimrad chair / 2002

Extruded-Table3 / 2008

图3-1　马克·纽森设计作品

2. 深泽直人（Naoto Fukasawa）

深泽直人1956年生于日本，著名产品设计师，家用电器和日用杂物设计品牌“±0”的创始人。他曾为多家知名公司如苹果、爱普生进行过品牌设计，代表作有：无印良品壁挂CD机、±0加湿器等。其作品获得过多项设计大奖，其中包括美国IDEA金奖、德国IF金奖、“红点”设计奖、英国D&AD金奖、日本优秀设计奖等。他的设计主张是：用最少的元素来展示产品的全部功能。其部分作品如图3-2。

3. 飞利浦·斯塔克（Philippe Starck）

飞利浦·斯塔克1949年出生于巴黎，他几乎囊括了所有国际性设计奖项，包括红点设计奖、IF设计奖、哈佛卓越设计奖等。主要从事产品造型设计，具有“能将欲望的冲动视觉化”的非凡能力，成为新符号新象征的创造者。他的设计最突出的特征就是具有幽默感，这使物与人的关系变得更融洽。其代表作有Alessi柠檬榨汁机、微软的光电鼠标、Costes餐厅的WW STOOL等。其部分作品如图3-3。

Wall mounted CD Player / 1999

Humidifier / 2003

8-inch TV / 2003

TWELVE / 2005

realme X Master Edition / 2019

Grande Papilio / 2009

图3-2　深泽直人设计作品

MAX LE CHINOIS / 1990

ZIK 2.0 (PARROT) / 2014

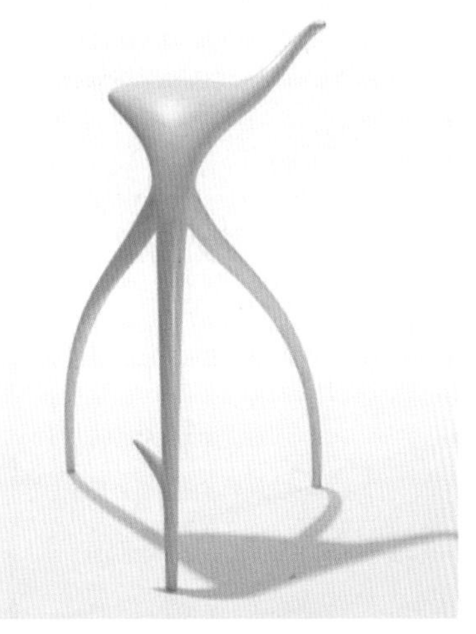

WW STOOL / 1990

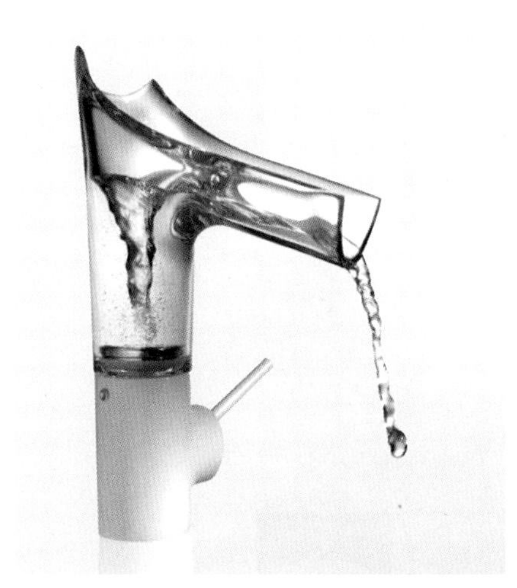

STARCK V (AXOR) / 2014

LOULOU GHOST / 2008

图3-3 斯塔克设计作品

4. 迈克尔·杨（Michael Young）

迈克尔·杨1966年出生于英格兰东北部的桑德兰，当代设计界最有影响力的设计师之一。2003年他把工作室转移到香港，开始在亚洲发展，将香港本土工业与自己的设计理念完美结合，在亚洲具有广泛影响力，这些年来已经几乎成为对“中国设计”最有发言权的欧洲设计师。他为众多享誉国际的知名品牌设计，作品获得红点设计大奖、东京优秀设计奖等奖项，代表作有CityStrom GiantBike、Young w094t-LED Table Lamp、Hexacone Collection等。他将自己独特的设计理念和对科技的激情结合起来，用全新的方式将东方和西方、过去和未来有机地融合起来。在他的作品中，简洁的线条与鲜艳的色彩必不可少，特别是新奇材质的运用令人惊叹。其部分作品如图3-4。

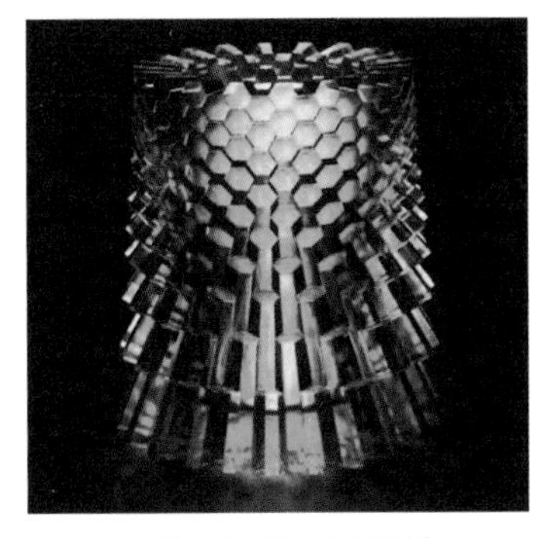

HEX collection1 / 2010

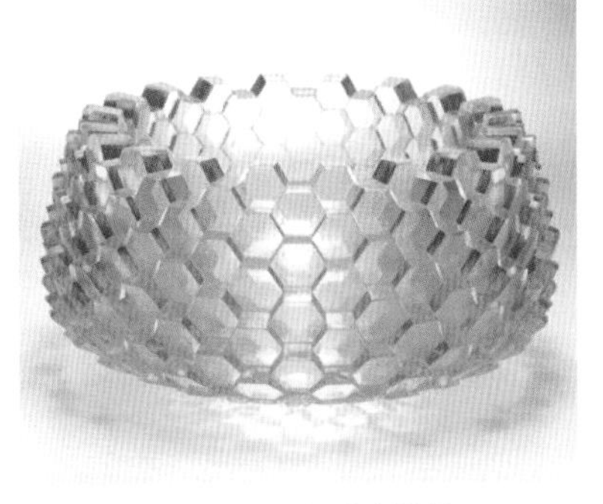

HEX collection2 / 2010

Hex Chair / 2012

Hacker Watch / 2011

Money Clock / 2013

LSX / 2018

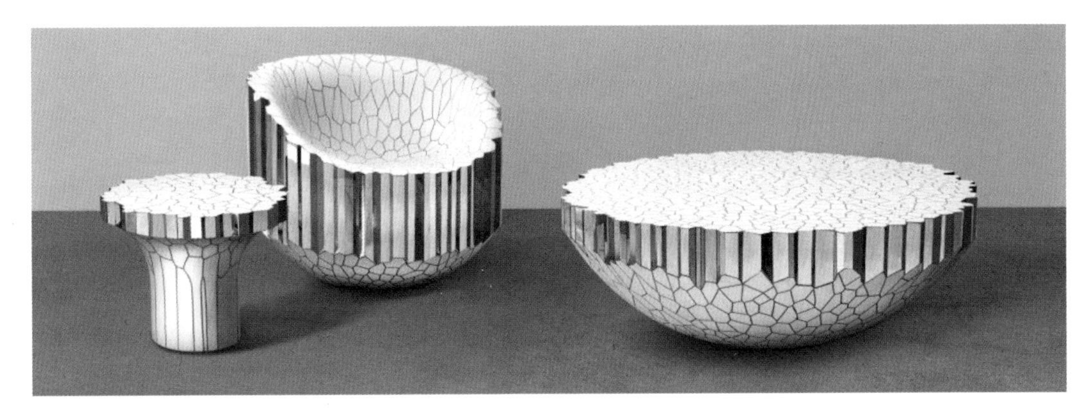

Gallery ALL / 2019

图3-4　迈克尔·杨设计作品

5. 凯瑞姆·瑞席（Karim Rashid）

凯瑞姆·瑞席1960年生于埃及开罗，是当今美国工业设计界的巨星，现在美国纽约市发展设计事业，以鲜明的艺术风格闻名，涉足的设计领域包括室内外空间设计、时尚精品设计、家具设计、照明设备设计、艺术品设计等。为许多国际知名品牌如UMBRA、PRADA、ISSEY MIYAKE等设计出耳目一新的产品，Karim Rashid在其同时代设计师之中是拥有作品最多的设计师之一，超过3000项设计已投入生产，获得300个以上的奖项，包括Red Dot大奖、Chicago Athenaeum优良设计奖、I.D.杂志年度设计奖、IDSA 工业卓越设计奖。代表作有Garbo、Oh Chair、Georg Jensen、Veuve Clicquot等。凯瑞姆的作品材质大多为半透明而色彩丰富的塑胶材料，设计风格现代、多变、性感、浪漫，所以凯瑞姆又被称为“塑胶诗人”。其部分作品如图3-5。

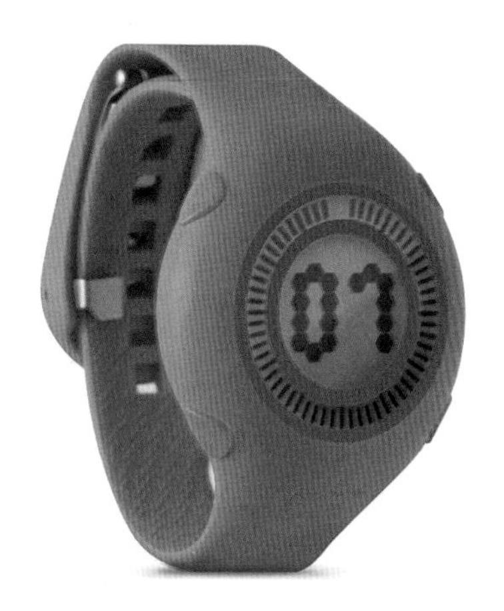

Nooka Yoghurt Watch / 2010

B-Line Snoop Table / 2011

vertex chair / 2011

knowledge in the brain2 / 2011

Pendant lamp / 2012

图3-5　凯瑞姆·瑞席设计作品

6. 佐藤大（OkiSato）

1977年生于加拿大，2000年以第一名的成绩毕业于早稻田大学理工系建筑专业，同年成立设计工作室Nendo，2006年被Newsweek评为“最受世界尊敬的100位日本人”之一，曾获得米兰Design Report 特别奖、JIDA30岁以下设计师竞赛奖、GoodDesign奖等设计奖项。2007年，Nendo被评为“备受世界瞩目的日本100家中小企业”之一。生长于加拿大的经历，让佐藤大在东西方文化的碰撞和融合中成长，也让他在承袭日本式的严谨和禅意的同时，多了一些北美文化的率性和幽默，形成了如今佐藤大独有的颇具奇妙感的设计思维，也成就了Nendo在设计方面所呈现的独特气质。其部分作品如图3-6。

fadeout-chair / 2009　pyggy-bank / 2010　forest-spoon / 2011　oppopet / 2011

splinter / 2012　stay-brella / 2014

mug americano、mug latte、mug caramel macchiato / 2014　skeleton / 2018

图3-6　佐藤大设计作品

7. 柴田文江（Fumie Shibata）

提到工业设计领域的女设计师，肯定绕不过日本著名设计师柴田文江。柴田文江1990年毕业于日本武藏野美术大学。1990–1993年，加入日本东芝设计中心。1994年，创立了“Design Studio-S”设计工作室，所获奖项不计其数，包括德国IF大奖和日本GOOD DESIGN大奖。2003年，被邀请为日本多摩美术大学的客席教授。2005年12月的日本专业设计师刊物《AXIS》，出现了该杂志创刊以来第一个女性封面人物——柴田文江，说明了柴田文江在日本设计圈中的领导地位。2006年，柴田文江成为日本GOOD DESIGN设计大赛的评委之一。柴田文江的作品以流露女性设计师的细腻、给人温暖的感觉而著称，即便电子产品也都展露出圆润、贴心、友善的设计风格。其部分作品如图3–7。

babylabel series / 2003

Cat Litter System / 2009

duo Piezo aroma diffuser / 2015

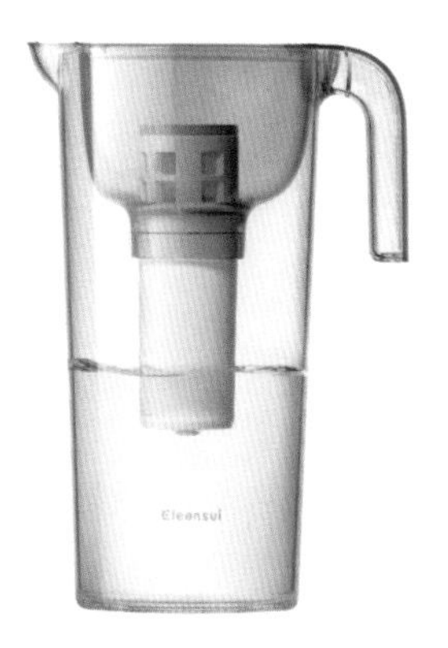

Pot type water purifier / 2017

AWA / 2019

图3–7　柴田文江设计作品

二、国外优秀产品设计

图3-8　婴儿奶瓶

1．作品名称：婴儿奶瓶（Philips Avent Smart Baby Bottle, 2019 Red Dot Design Award）

生产企业：Philips, Eindhoven, Netherlands

设计机构：Philips Design

设计解码：该婴儿奶瓶是容量约为125毫升的奶瓶和智能壳体的组合。通过简单的一键式交互激活，可以记录瓶装的容量、使用次数、使用持续及间隔的时间。这些数据会发送到手机“Smart Baby Bottle”应用程序并自动存档。壳体轻巧，手感柔软，握持舒适，易于拆卸，是年轻妈妈育儿的好帮手（如图3-8）。

图3-9　婴儿围嘴

2．作品名称：婴儿围嘴（BABYBJÖRN Small Baby Bib, 2019 Red Dot Design Award）

生产企业：BabyBjörn AB, Solna, Sweden

设计机构（师）：McKinsey Design; Peter Ejvinsson Elisabeth Ramel-Wåhrberg David Crafoord, Bromma, Sweden

设计解码：这款婴儿围嘴可以接住掉落的食物，而且防水，因此食物和液体不会弄脏衣服。它是为小婴儿量身定做的，孩子可以自由移动手臂，并且柔软的颈部开口可调节，结构巧妙。该围嘴使用安全的可再生材料制造，符合人体工学原理，使喂食更加方便（如图3-9）。

3．作品名称：3D打印头盔（Talee, 2019 Red Dot Design Award）

生产企业：Invent Medical Group, s.r.o., Ostrava, Czech Republic

设计师：Aleš Grygar

设计解码：Talee是一款颅骨矫形3D打印头盔。全球大约2%的新生儿患有严重的颅骨变形，即所谓的扁平头综合征。Talee的创新概念代表着头盔疗法的新进展，这种颅骨矫形器可以使用3D扫描技术最佳地适应小患者，从而可以在其成长过程中有效、轻柔地矫正头部的形状，专为3个月的矫形治疗而设计，它提供了很高的成功率。Talee的特殊创新还在于，通过配置器和3D打印，可以实现完美的定制，包括图案和色彩。头盔非常轻巧，多孔的结构，透气、通风良好，减少出汗。Talee的设计利用3D技术进行个体适应的概念，以非常吸引人 和友好的设计方式，使儿童颅骨畸形的治疗美学化，并且极其轻巧舒适。它代表了一种非常现代且优雅的解决方案，在功能上经过深思熟虑，易于使用，并以其柔和的材质令人信服（如图3-10）。

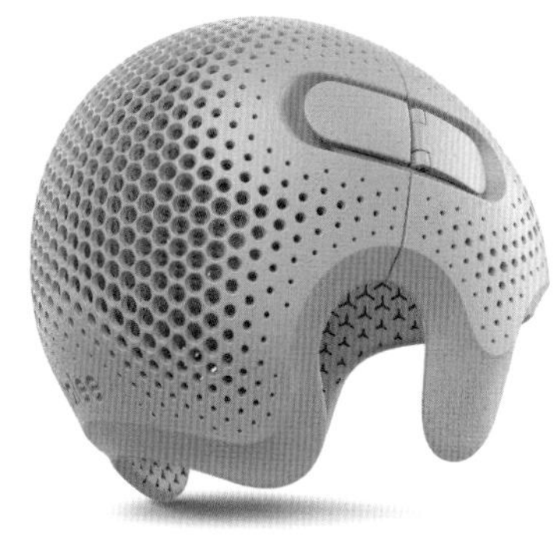

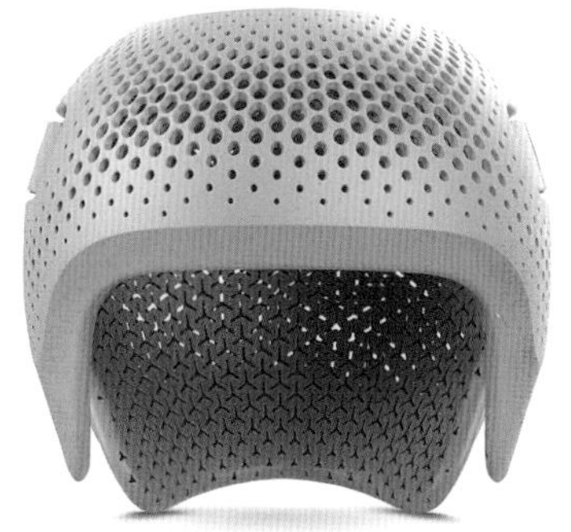

图3-10　3D打印头盔

4. 作品名称：耳机（AUR/L Headphones, 2019 Red Dot Design Award）

设计师：Dustin Brown

设计解码：当前大多数耳机在尺寸调整方面都不能很好地适应不同用户的人体工程学要求。AUR/L耳机将尺寸调整作为其整个设计的基础。耳机可以在弹簧钢头带两端的闭环中轻轻滑动，这个设计点被转变为独特而令人愉悦的视觉特征。AUR/L的整个头带是一体成型的，通过简单的机械结构解决了调节高度的问题，比目前最畅销的耳机使用更少的组件和原材料，减少对环境的影响。每个耳垫上的流行色彩都可以轻松更改，以适应佩戴者的时尚品位，从而鼓励长期使用耳机并进一步提高其可持续性（如图3-11）。

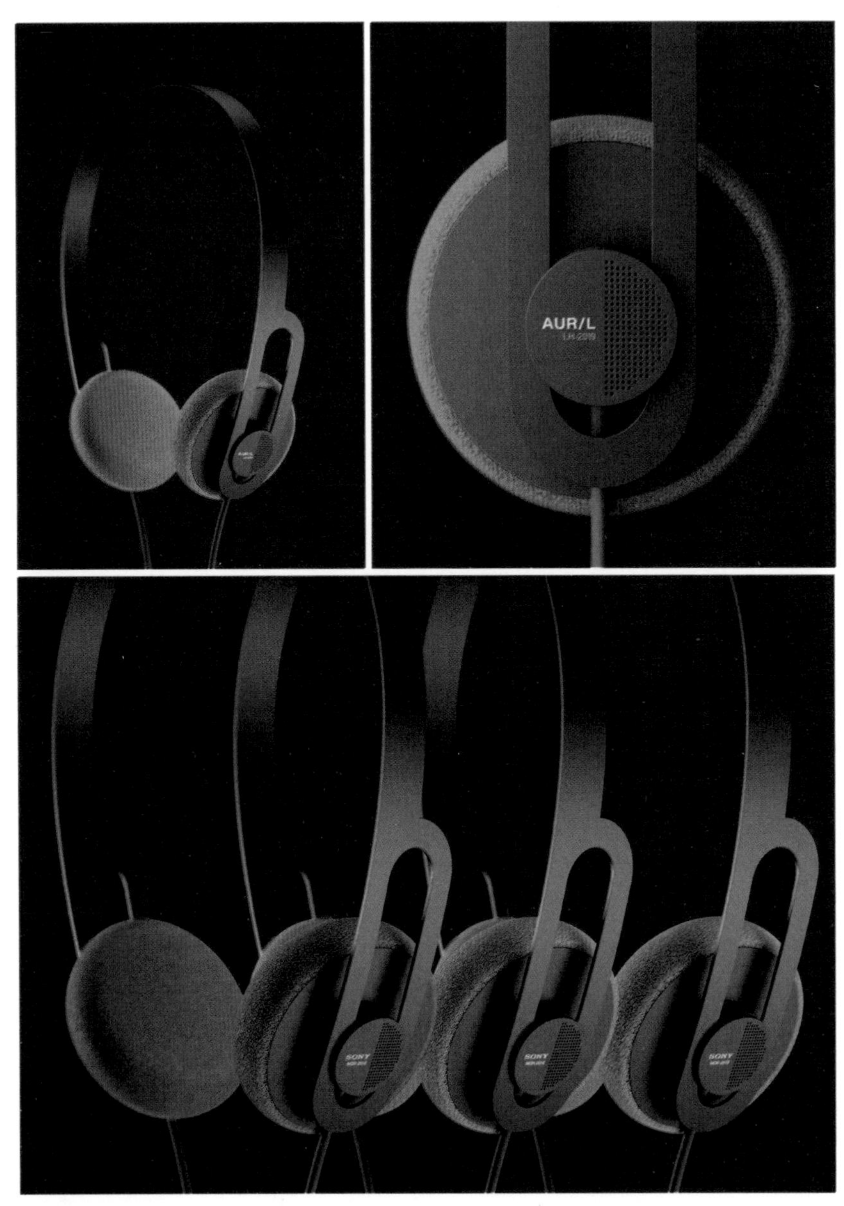

图3-11　耳机

5. 作品名称：午餐盒（Eat & Grow, 2017 K-DESIGN AWARD设计奖金奖）

设计机构：GAWHA co., ltd. 韩国

设计师：Yoon, Jeongho, Kim, Myungjin

设计解码：Eat & Grow是一款午餐盒，它的设计基于吃食物和种植植物的概念。这个午餐盒吃完东西后可以当小花盆用。它是由可再生和环保材料制成，午餐盒与花盆的有趣转换，吸引了用户的情感（如图3-12）。

图3-12　午餐盒

三、中国优秀产品设计

1. 作品名称："Thomas厨房"系列（2015 Red Dot Design Award，2016 iF DESIGN AWARD）

生产企业：Thomas

设计师：Office for Product Design

设计解码："Thomas厨房"系列是Office for Product Design与Rosenthal进行了三年探索和密切合作的结果，它由二十多件产品组成，包括盐和胡椒研磨器、油和醋罐、面包和奶酪板、黄油盘、帕玛森刨丝器、研钵和杵、榨汁机、自动浇水的香草壶等（如图3-13）。

该系列产品通过共同的产品表达方式（例如简约的风格、模块化的构成和材料的混搭）统一到一个连贯的集合中，造型简约而不简单，非常注意将功能性需求与触觉和情感品质相结合。材料选用瓷、玻璃、山毛榉木、不锈钢和硅树脂进行合理的组合。

图3-13 厨房用品

图3-14　摩拜单车

图3-15　微型无人机

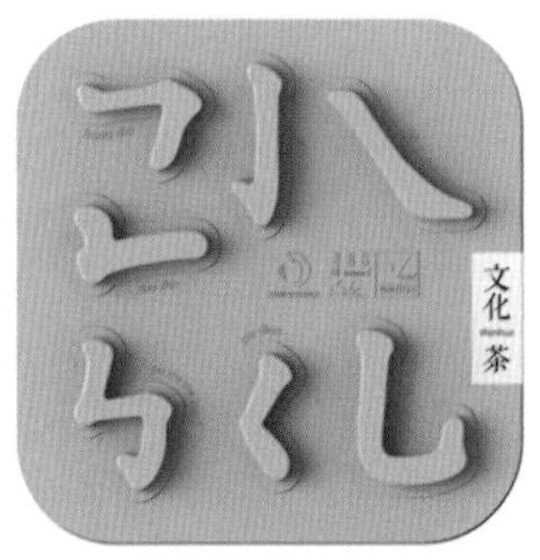
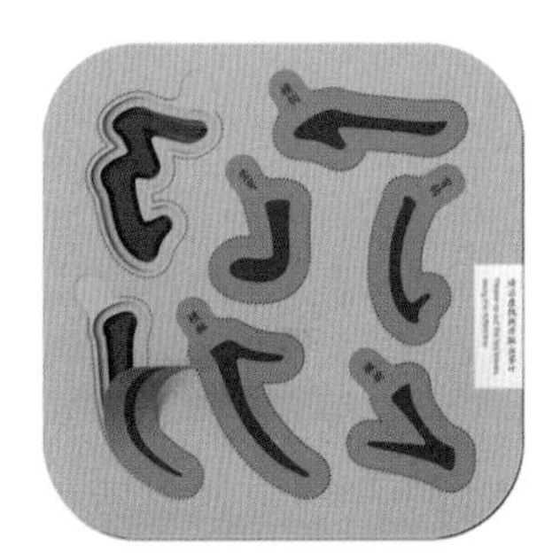
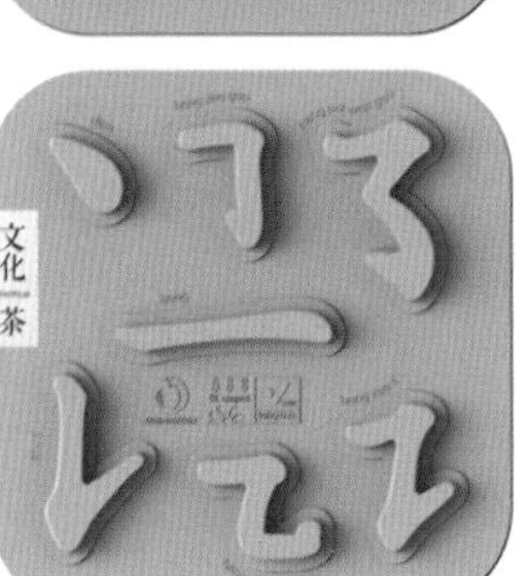

图3-16　茶叶包装

2. 作品名称：摩拜单车

设计机构：北京摩拜科技有限公司

设计解码：作为解决“最后一公里”问题的完美方案，摩拜是第一个无须现金、纯扫码使用的自行车共享系统。摩拜单车摒弃了固定的车桩，允许用户将单车随意停放在路边任何有政府画线的停放区域，用户只需将单车合上车锁，即可离去。车身锁内集成了嵌入式芯片、GPS模块和SIM卡，便于摩拜监控自行车在路上的具体位置。车身是专为共享单车重新设计的，使用防爆轮胎、轴传动、全铝不锈车身，整个单车可达到五年高频使用条件下无须人工维护的标准。经过设计的单车外观时尚醒目，方便人们找车的同时，也是城市里一道独特的风景。摩拜单车鼓励人们回归单车这种低碳的、占地面积小的出行方式，缓解交通压力，保护环境（如图3-14）。

3. 作品名称：微型无人机：御Mavic Mini

品牌：大疆

设计机构：深圳市大疆创新科技有限公司

设计解码：御Mavic Mini的机身重量仅249 克，与手机相仿，符合大多数国家和地区对微型无人机安全重量的要求，在美国、加拿大等地无须登记注册即可轻盈起飞，折叠后亦可轻松装进随身背包，小巧便携。经过重新设计的DJI Fly app带来简洁而直观的操作体验，让飞行变得更加简单（如图3-15）。

4. 作品名称：茶叶包装：文化茶

设计机构：Maxypro Industrial Product Scheme Co., Ltd

设计师：Kong Hongqiang，Meng Huimin, Wang Jiahui, Wu Fanghao, Yin Peng

设计解码：Wen Hua Cha将独特的黑茶发酵工艺与全新的概念包装相结合，创造出富有文化意义的茶体验。包装的一个关键特点是茶叶如何被压缩，并独特地包含在每个汉字的“笔画”中。“笔画”是一切汉字的载体，汉字是延续传统文化的根。每次我们看到茶叶泡在一杯水里，茶叶的形状都会引起人们对汉字的注意。产品包装是用稻草制成的，稻草经过粉碎、煮熟，然后用加工技术成型。即使经过这个过程，稻草的颜色也完全保留了下来。当茶叶用完成后，包装可以重新用作识别汉字的教具（如图3-16）。

5. 作品名称：厨房电器（智能电烤箱、热敏炉、电饭煲、电压力煲系列）

品牌：TOKIT

设计机构：纯米科技（小米生态链企业）

设计解码：作为全新的高端互联网厨电品牌，TOKIT把核心用户定位于更注重体验的“轻时代”中国都市青年，推出的智能电烤箱、智能热敏炉、智能电饭煲、智能电压力煲四大系列产品具有鲜明的共有特征，追求革新化的工业设计美学，极致简约、黑白色调的鲜明特征。通过创新、智能的厨房硬件，联动独立App，升级烹饪趣味，让每位用户发现、体验下厨的乐趣，创造智能、简单、有趣的“轻时代”厨房体验（如图3-17）。

图3-17　厨房电器

6. 作品名称：猫王[1]、猫王·小王子OTR 复古合金便携式收音机

品牌：猫王收音机

设计机构：曾德钧

设计解码：猫王收音机是中国音响设计师曾德钧先生创立的精致潮玩复古音响品牌，每款产品都承袭电台文化，是有态度、有温度的反主流文化载体，猫王[1]典藏级收音机箱体采用北美50年胡桃原木，经过27道工序、90天工期、双扬声器设计左右对称，采用电子管做功效放大声音。猫王·小王子OTR 复古合金便携式收音机首次放弃原木材料，机身采用高密度锌铝合金，五面一体无缝压铸成型，表面采用20世纪60年代经典的汽车烤漆工艺，配备高保真全频喇叭，音色温暖饱满，电池10小时续航，有嬉皮红、纯真白、复古绿、骑士黑、尼斯蓝、奥黛丽粉、爱丽丝紫七色，包装是一只复古的小型手提箱。在众多颜色中，最火爆的是天猫限量款“奥黛丽粉”，深受女性消费群体的青睐。猫王小王子系列让猫王的销售额翻了几番，年轻人和个性生活开始成为品牌的切入点（如图3-18）。

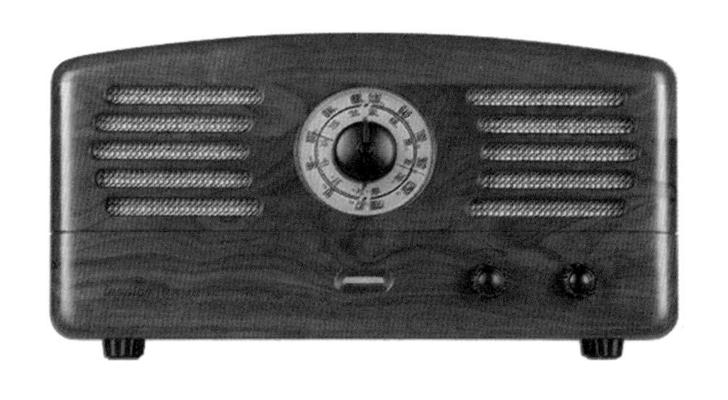

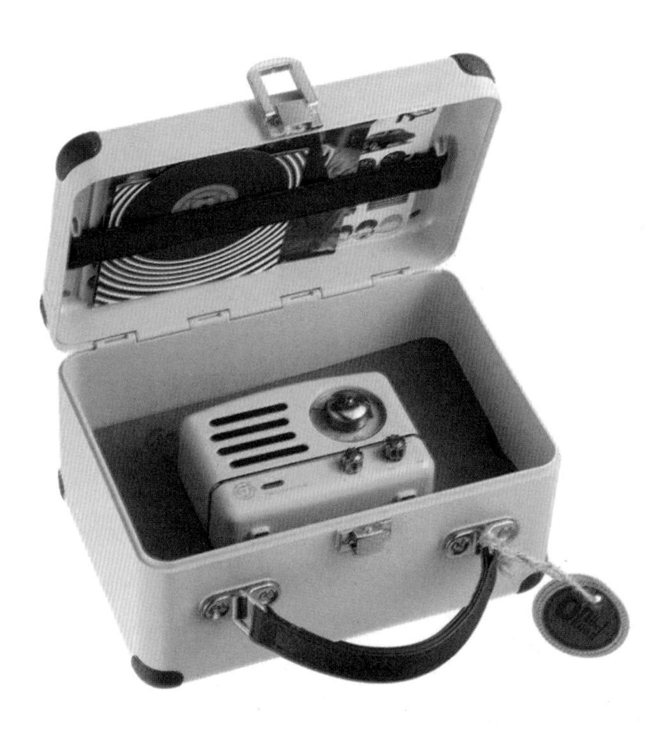

图3-18 猫王收音机

7. 作品名称：NUDE衣帽架、PUDDING沙发

品牌：PIY

设计机构：PIY　沈文蛟

设计解码：拾起传统手艺，拥抱自然材料，挖掘它们被忽略的美好，是PIY的初衷。极少主义是一个积极的挑战，PIY在让设计变得精练的同时，也在努力减轻森林的负担、大气层的负担和你我的负担。“开一家没有家具的家具店”，PIY用4年的时间实现了自己的梦想，当家具变成玩具，家才充满意义（如图3-19）。

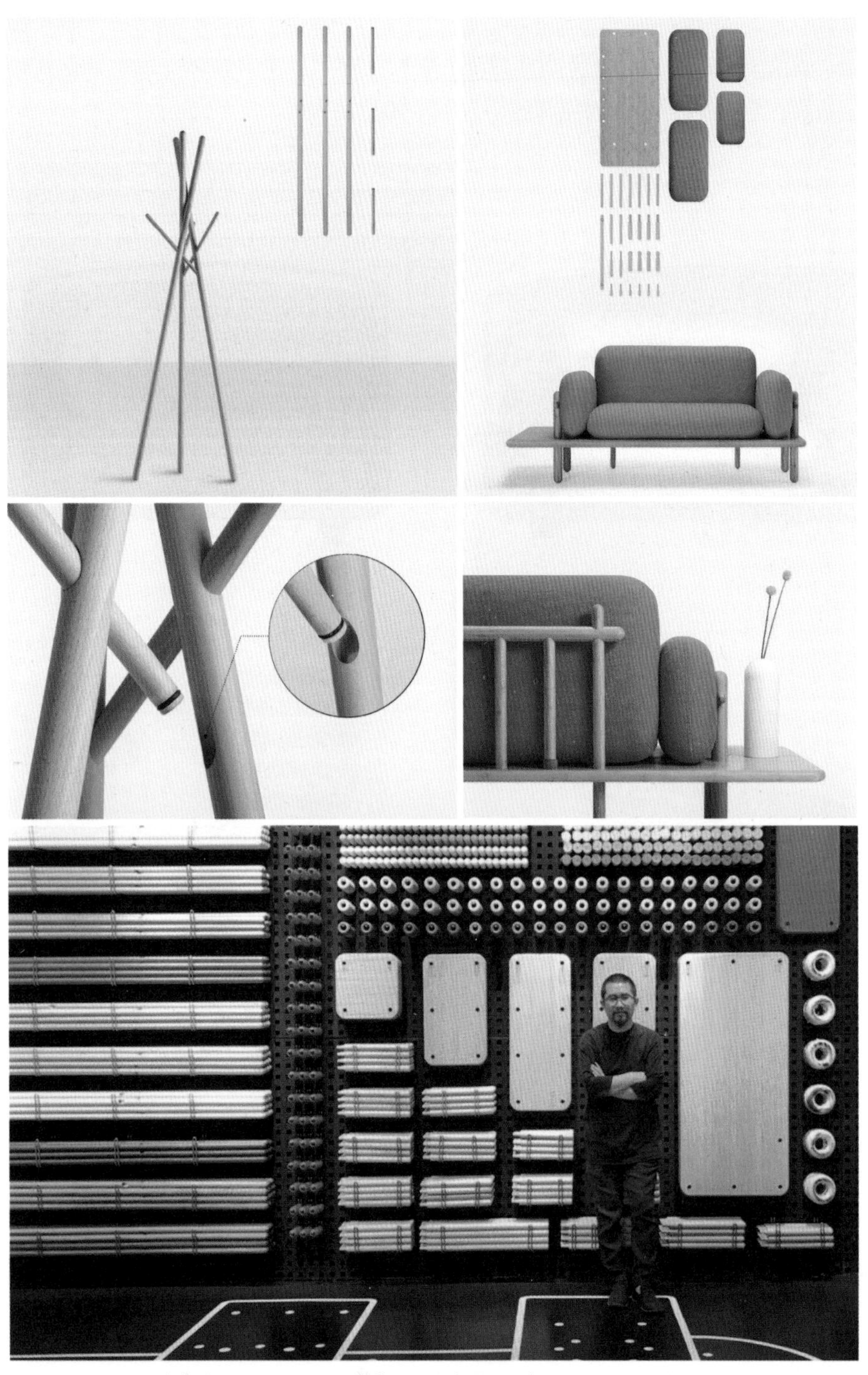

图3-19　NUD衣帽架、PUDDING沙发及PIY家具系列

NUDE衣帽架是一个平板包装的衣帽架，它的设计灵感来自中国农村常见的晾衣架。融合了榫卯、鲁班锁、胡琴等工艺于一身，由6根棍子组成，依靠三组互为榫卯的长短棍单元组成锁式结构，多达13个有效挂点，实现有限材料的最大化利用。无胶水、无金属链接件，可多次拆装，包装是一个直径10厘米的圆形纸筒。

PUDDING沙发仍然延续平板包装设计理念，由31个部件所组成。沙发衔接结构均由“螺丝”系统来完成，无金属连接件，可多次拆装，可全程徒手安装。框架材料除了芬兰松木之外，同时也选用了江南竹。通过竹集成材的工艺，来实现品牌的环保理念。软包选用了密度为40、硬度为30的高回弹海绵，坐感更加舒适。造型上做了四面倒角的处理，使之看起来更圆润。

8. 作品名称：家用紫外线消毒盒

设计机构：浪尖设计集团有限公司

制造企业：深圳市浪尖科技有限公司

设计解码：家用紫外线消毒盒是一款用于消毒杀菌的家电产品。外观简洁时尚，与家居环境融为一体。尺寸远超过市面上同类产品，使用范围更广。外壳采用ABS与ASA材质，并以其材质原色作为产品色，有灰、粉两种颜色可供选择，配以表面细蚀纹工艺处理，实现免喷涂处理，进而提高生产效率，改善环境性能。内置的6W大功率紫外线消毒灯管，比普通LED紫外消毒灯具有更广的照射范围，实现快速强力杀菌消毒，即消即用。针对口罩，消毒盒内部四角设有专用挂柱，避免盒内产品交叉污染（如图3-20）。

家用紫外线消毒盒从概念设计到生产落地仅历时半个月，可对口罩、手机、手表、首饰等多类小型产品进行消毒杀菌处理，满足了家庭、办公、差旅等多种环境下的使用需求。在疫情形势下，还为口罩储备不足的人群提供了循环消毒使用的新型解决方案。

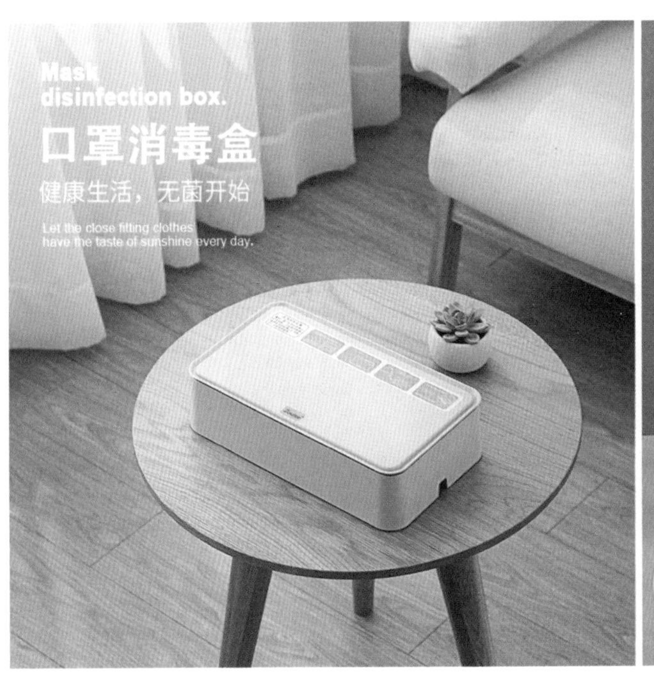

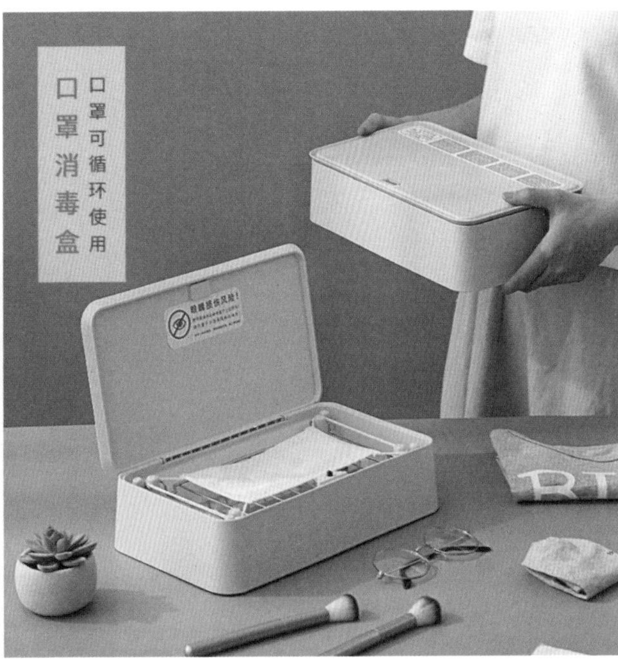

图3-20 家用紫外线消毒盒

9. 作品名称：普罗旺斯香薰机（扫码链接作品视频及相关信息）

普罗旺斯香薰机产品效果图

普罗旺斯香薰机–使用演示

设计机构：佛山市顺德区宏翼工业设计有限公司

制造企业：佛山卡蛙科技股份有限公司

设计解码：香薰加湿器通过超声波震动片产生的高频震荡，将水分子及溶解的植物精油雾化到空气之中，使空气充满香味，并起到加湿的作用。该香薰机设计突破多项行业技术门槛，取得了4项技术专利。使原本只适用于室内使用的香薰机适应更多使用场景，车载、出差、旅行也方便携带（如图3-21）。

传统香薰机的敞开式水箱，无法密封，一旦倾倒，溶液将完全流出，普罗旺斯香薰机上下两部分采用旋转固定密封，并搭载专利单向阀门设计，倾倒时内置钢珠滚落，阀门自动闭合，防止主机进水。采用上部360° 环形进风，突破了传统香薰机只能由底部进风的局限，让香薰机也可以实现车载使用，同时隐藏式的进风口让机器外观更加美观。整机外观采用极简瓷肌设计，让产品看起来就像一件艺术品，指示灯让不同工作模式可视化。

产品远销法国、英国、美国、加拿大、韩国、日本等国，占据中国车载香薰机产品销量前三名。并获得2017韩国GOOD DESIGN设计奖，2019年德国IF设计奖。

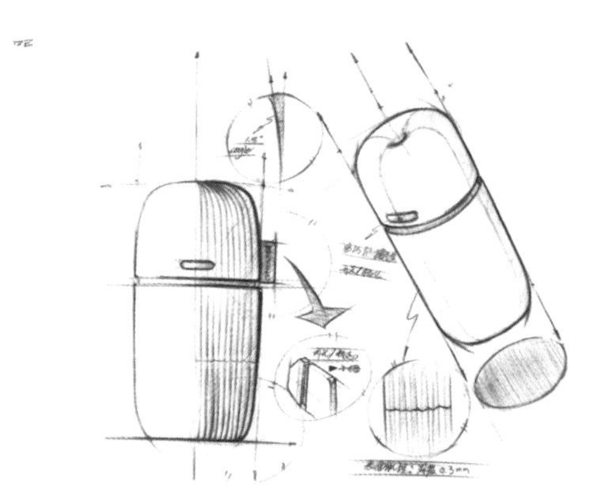

图3-21　普罗旺斯香薰机

10. 作品名称：DUCK智能自动跟随高尔夫球包车

设计机构：广州哈士奇产品设计有限公司（扫码链接相关设计作品）

设计解码：DUCK智能自动跟随高尔夫球包车具有全智能跟随系统，能精准识别与使用者的距离，判断前进停止或行走路径。在达到最小折叠尺寸的情况下，最大限度增加了前后轮轴距。提升爬坡角度可轻松超越45°，大大改善了以往电动高尔夫球包车不稳定的致命缺点。而且不需要任何平行辅助轮。跟随状态时，手推杆无须打开，提升使用体验，正式舍弃“手推车”这一概念；转换成收纳状态时，多个传动结构配合，快速折叠，折叠后尺寸比市面上的电动高尔夫球包车折叠后更小（如图3-22）。

哈士奇产品
展示视频

Axglo XE 1.0 has 3 modes. In following mode, the handlebar does not need to be pulled up, which enhances the experience and formally change the concept of "pull". Certainly, if golf cart runs out of electricity, people can still use it in pulling mode. When it is converted into the storage mode, multiple transmission structures can cooperate to fold quickly.

图3-22 DUCK智能自动跟随高尔夫球包车

11. 作品名称：电动便携意式咖啡机

电动便携意式咖啡机-配色

电动便携意式咖啡机展示视频

设计机构：广州维博产品设计设计有限公司（扫码链接产品使用视频）

制造企业：珠海易咖科技有限公司

设计解码：这款电动便携意式咖啡机是以“便捷地制作咖啡”为理念而研发，圆柱的外观造型简洁大方，方便手握携带。条纹硅胶装饰件既有防滑作用，也有隔热功能，获得更舒适的用户体验。颜色以灰黑色为主体，配以彩色硅胶，色彩明朗，有效增强了产品的视觉冲击。市场上绝大部分便携式压力咖啡机都需要手动按压或打气才能制作浓缩咖啡，操作繁杂费力。该产品外形小巧，一机两用，兼容雀巢胶囊和咖啡粉，只要轻按一下按键，轻松萃取制作浓缩咖啡，简单易用，清洗方便；可以通过自带的电池或充电宝、车载电源、USB电源等外接电源充电，最大压力达到15巴，获得更佳的咖啡萃取质量，媲美众多家用台式咖啡机。拥有这台电动便携意式咖啡机，随时随地为用户提供原汁原味的意式咖啡享受（如图3-23）。

电动便携意式咖啡机在2018年一举获得中国红星奖、台湾金点设计奖、中国制造之美设计奖、中国优秀工业设计奖、省长杯等多项殊荣。

12. 作品名称：无线喷药机

设计单位：苏州轩昂工业设计有限公司

设计说明：这是全球首款智能锂电多功能喷药电动工具。重心稳定，轻便小巧易携带，配备三块高效锂电池组，保障了续航能力。扳机式开关，最大限度保证了药水和电池的使用效率，从而带来全新的使用体验。电机转动产生负压，将药水转化成纳米级喷雾，使药水雾化在空气中悬浮10秒，可有效杀死蚊虫，防止登革热等疾病的扩散，雾量调节器可调节喷雾大小，是家庭、学校、军舰等场所的高效杀虫工具（如图3-24）。

图3-23　电动便携意式咖啡机

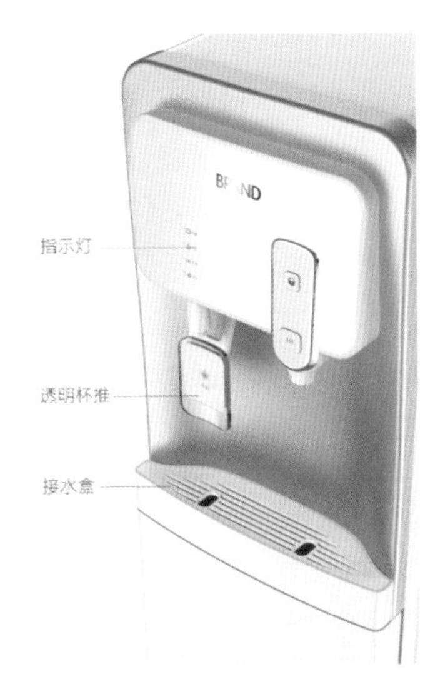

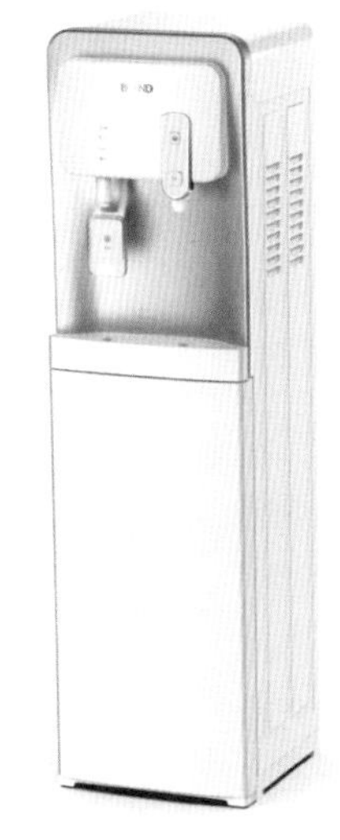

图3-24　无线喷药机

图3-25　下置水桶饮水机

效果图

形科设计印象

13. 作品名称：下置水桶饮水机

设计机构：佛山市形科工业设计有限公司（扫码链接相关介绍）

生产企业：艾美特（Airmate）电器

设计说明：这是艾美特（Airmate）电器品牌进入净饮水品类的第一款产品，采用下置式水桶，带给用户更好的换水体验，整机比例修长，大圆角的设计，与艾美特的品牌属性相符合。富有立体感的控制面板设计，突出的热水龙头造型，精致的细节设计，无不透露出设计者的别出心裁，符合家庭及办公室使用，产品一推出即成为线上爆款饮水机（如图3-25）。

第二节　国内外学生优秀作品

本节选择国内外的优秀学生作品，旨在为产品艺术设计专业的学生建立一个可直接比肩的参照系。这里的绝大部分作品都来自于国内外知名工业设计赛事的参赛获奖作品，水准较高，且兼顾了国家和院校的不同区域分布关系，在广泛性的基础上具有一定的代表性。

一、国外优秀学生作品

1. 作品名称：Sway Table（2019 Red Dot Design Award）

国家及大学：韩国 National University of Art

设计师：Kim Dongbin

设计解码：Sway Table的名称源自柔软的波浪板，它包括两个桌面和四条细长的腿。两个桌面可以上下重叠在一起，桌子在必要时可以扩展，通过将底板旋转90度以扩大其表面积，而桌子扩展时，它的四只脚以独特的形状保持平衡。由于它可以节省空间，因此可以提高使用的灵活度（如图3-26）。

凭借其优雅的外形、带波浪纹的桌面和光滑桌面形成的鲜明的材质对比，以及可以自由拼接的桌面所形成的精致漂亮的图案，Sway Table可以适应各种环境。

2. 作品名称：FLIR Vision / Welding helmet（2019 iF DESIGN TALENT AWARD）

国家及大学：瑞典 Umeå Institute of Design

设计师：Jakob Dawod

设计解码：FLIR视觉是一种新的焊接头盔概念，为焊工提供视觉帮助和指导，以达到最佳的焊接质量。通过测量焊接温度和焊接过程中的热分布，结合焊接工艺数据，FLIR视觉为实现最佳焊接提供了实时的视觉指

图3-26　桌子

图3-27　焊接头盔

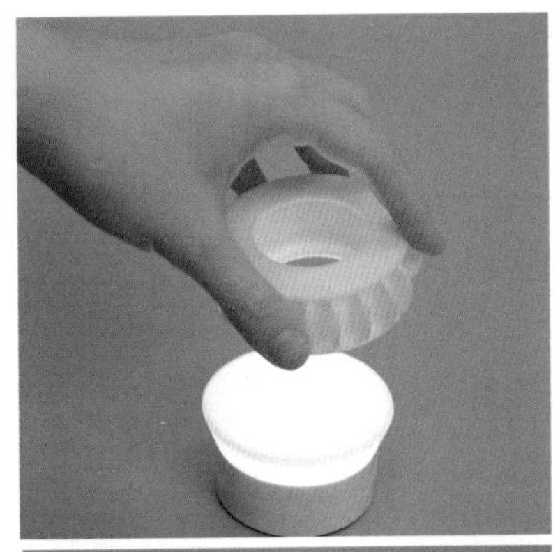

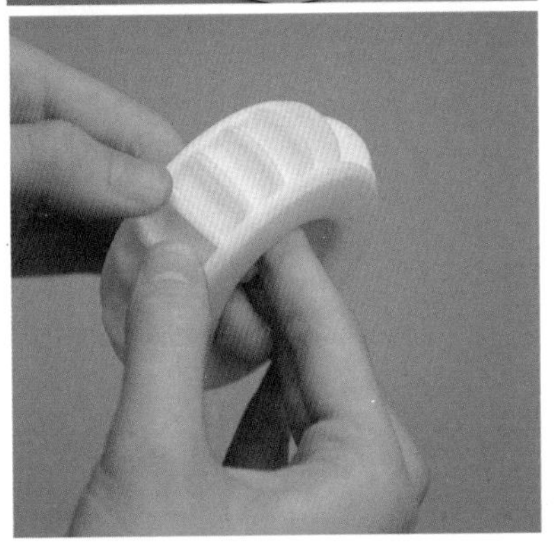

图3-28 助眠器

导。通过混合现实和热成像解决方案，FLIR视觉功能作为一个新的工具，使精确的焊接，满足高行业标准。通过提供增强的视觉和正确的焊接参数功能，现在可以避免记录、检查、焊接错误、修理甚至事故的成本（如图3-27）。

3. 作品名称：release / mindful object（2019 iF DESIGN TALENT AWARD）

国家及大学：泰国 Chulalongkorn University Faculty of Architecture

设计师：Wareesa Lakanathampichit

设计解码：release是一款助眠器。每天，日常工作会给人们带来压力，与社交媒体互动的次数越多，压力就越大，尤其是睡觉前使用社交媒体，会影响睡眠习惯，因此，关闭手机，在睡觉前停止思考，放松压力，使用release进行睡前呼吸练习，让头脑去除杂念。它旨在指导2种呼吸技术，即4-4呼吸技术和4-7-8呼吸技术（如图3-28）。

4. 作品名称：Orbit / A Tangible Music Streamer（2019 iF DESIGN TALENT AWARD）

国家及大学：比利时 LUCA School of Arts

设计师：Senna Graulus

设计解码：Orbit是一款智能音乐播放器。随着更多数字技术进入我们的家庭环境，是否总是需要通过触摸屏界面与产品进行交互的问题就出现了。除了失去更多的触觉感受之外，触摸屏交互还需要我们集中注意力。为了防止技术给我们增加负担，我们必须将其转移到我们关注的背景中。Orbit是一种有形的音乐流媒体，它为我们展示了如何使用物理交互来减少技术的吸引力。Orbit由两个部分和多个传感器组成，通过一系列的物理运动和预设位置来控制音乐，如端起滚轮就是开启播放器，合上是关闭，旋转可控制音量，移动位置可以切换音乐等（如图3-29）。

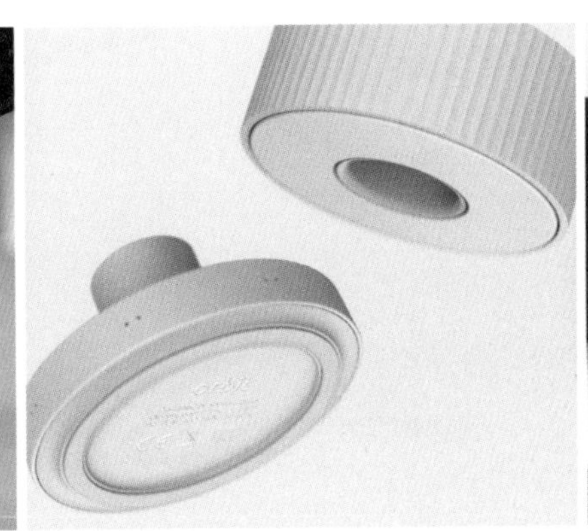

图3-29 智能音乐播放器

图3-30 路由器

5. 作品名称：BIUM/Wi-Fi router（2019 iF DESIGN TALENT AWARD）

国家及大学：韩国 Kookmin University Seoul

设计师：Jong Hoon Yoon

设计解码：在韩国语中“BIUM”的意思是“空虚”，象征并使人联想到佛教精神。21世纪的数字环境使人们负担过重，所以设计者尝试用Wi-Fi路由器来制造他们日常生活中的“空虚”。这个Wi-Fi路由器被设定为周期性地短暂关闭，由于没有连接到数字世界，这样就清除了心中无用的东西，设计者把这种情况称为“停电”。受熏香的启示，BIUM用灯光呈现空虚。通过将Wi-Fi路由器设计为室内照明，用户可以在日常生活中方便地获得数据使用的反馈（如图3-30）。

二、中国学生优秀作品

1. 作品名称：Multi-function Electric Drill（2017 K-Design设计奖银奖）

大学：北京城市学院

设计师：Qi Qiu, Zefeng Li, Min Zhao, Zedequan Rong, Ziwei Wang

设计解码：该钻头四周有透明的保护罩，不仅可以起到稳定机身、垂直工作平面的作用，还可以在仰视操作时防止飞沫四溅。机身的底部有压力控速开关和辅助深度测量装置，用手按压机身底部的开关，按压越用力，转速就越快，这种特殊的操作方式可以有效避免电机的突然启动而失去控制的情况，而辅助深度测量装置可以方便使用者更精准地控制钻孔的深度（如图3-31）。

图3-31 多功能电子钻头

2. 作品名称：Mushroom Needlecover/Medical supplies（2019 iF DESIGN TALENT AWARD）

大学：台湾世新大学

设计师：Lucille Liu, Kang-jie Liao

设计解码：孩子们总是表现出对针头的恐惧，甚至在验血或静脉注射时挣扎，这总是给医生带来困难。即使对于成年人，针头也是一件可怕的事情，让人感到恐惧。因此，我们创建了具有蘑菇形针套的注射用针头。它不仅取代了传统的保护管，而且还使针头具有了更易被人接受的形象。此外，蘑菇形的顶部可以翻转然后展开，使针头保持稳定。医用硅胶材料容易翻转，并且长时间与皮肤接触也无害（如图3-32）。

3. 作品名称：N ruler（2019 K-Design设计奖金奖）

大学：华南理工大学

设计师：Wang Huabin, Liu Xiang, Li Guoyu, Xie Wangxin, Sun Zhifei

设计解码：因为传统的尺子形式有限，大部分都是以平滑的方体为造型基础，所以用户在使用时较难从平面上把它拿起来；而且当用户停止使用铅笔后，置于桌面上的铅笔容易从桌面上滚落到地上，造成铅笔的损坏以及不必要的麻烦。针对这些问题的普遍存在，设计者设计了一把多功能尺子，它的名字叫N尺。它集成了测量距离、盛放铅笔和方便拿取的功能，不仅具有优美的造型和准确的语义，而且尺子符合人体工学的定律，用户在作业时，轻轻地按压尺子的弧面能得到舒适的使用体验，通过对用户作业的场景细分，N尺能够帮助用户在学习、工作中提升效率带来便利（如图3-33）。

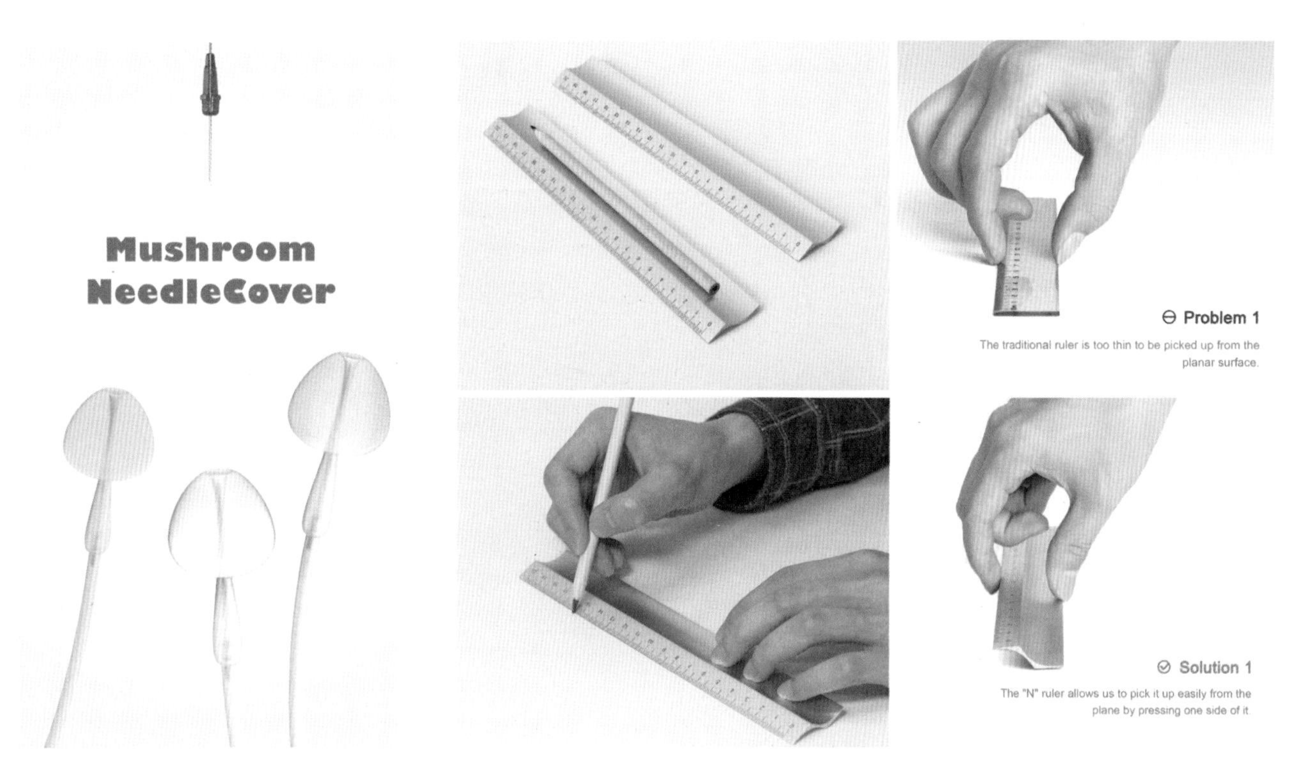

图3-32　具有蘑菇形针套的注射用针头

图3-33　N尺

4. 作品名称：A considerate bowl（2018 K-Design设计奖金奖）

大学：景德镇陶瓷学院

设计师：baoliyuan

设计解码：该碗有一个额外的边缘，以收集溢出，以保持桌面清洁。又称为“伞碗”，因为有个额外的边缘，就像伞一样。当你需要堆叠多个碗的时候它可以把底部向上举起来，以保持里面的清洁。 我们手上有很多细菌，如果直接用手接触碗沿，碗就被脏手弄脏了。现在，我们可以握住伞一般的额外边缘，而不是接触我们的嘴接触到的边缘（如图3-34）。

图3-34 日用瓷器

5. 作品名称：倾泻之光-食品袋灯系列（2018红点概念奖　至尊奖2018 K-Design设计奖金奖）

大学：广州美术学院

设计师：吴伟力/张剑指导

设计解码：这是一个风格化灯具系列设计。该设计探索光的容器的新可能，有别于传统固态的形式，被包装的光为使用者带来更具趣味的体验：未开启状态时，它看起来就像一个可口的包装；当需要照明时捏开开口，光便从口部倾泻而出，成为一个用于照明的电器。设计企图模糊产品之间的认知界限，从而带来更丰富的感知和体验，为日常的生活点缀更多乐趣。系列设计包含手电筒、夜灯以及吊灯（如图3-35）。

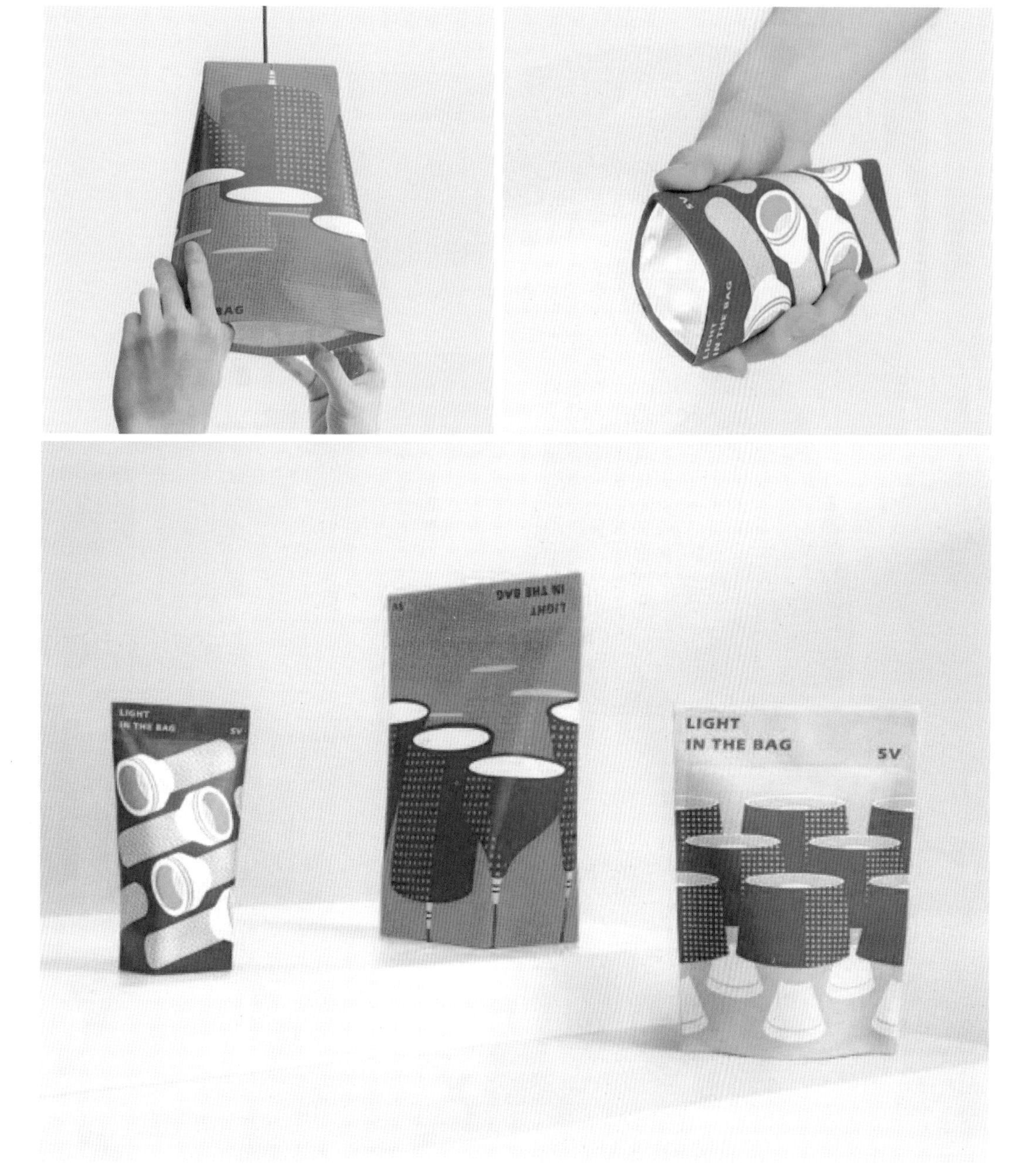

图3-35　食品袋灯

6. 作品名称：记忆咖啡机/Memory（2012伊莱克斯Design Lab全球设计大赛十强作品、亚洲区唯一获奖作品）

大学：广东轻工职业技术学院

设计师：蔡文耀/伏波、罗名君指导

设计解码：这台咖啡机可记忆您冲泡咖啡的特殊喜好，如浓度、甜味等，再次使用前只需扫描掌纹信息，一杯香气十足的个人专属咖啡即刻出现在眼前（如图3-36）。（扫码链接视频及PPT）

记忆咖啡机
视频

记忆咖啡机
PDF

图3-36 咖啡机

7. 作品名称：成长型模块化实木童车（2019第五届中国“互联网”+大学生创新创业大赛：职教赛道-创意组-全国铜奖；2017中国设计先锋奖：产品组金奖及全场大奖）（扫码链接视频）

国家及大学：广东轻工职业技术学院

设计师：施海涛/白平指导

设计解码：为解决儿童成长迅速与其不同年龄段对童车类型要求差异的矛盾，提高童车的使用率，延长童车的使用周期。该童车项目针对幼儿1-4岁不同年龄段的学步车、搬运车、手推车、滑板车、骑行车进行原型确定及原型的模块划分与整合，以实木为基材，设计零部件单元与合理接合结构，使得一套零部件最终可按需组装成以上任一种类型童车。从而获得一种成长型模块化实木童车，同时能显著提高使用率、节约家庭购买费用、减少对环境资源的消耗，并增加人与产品互动（如图3-37）。

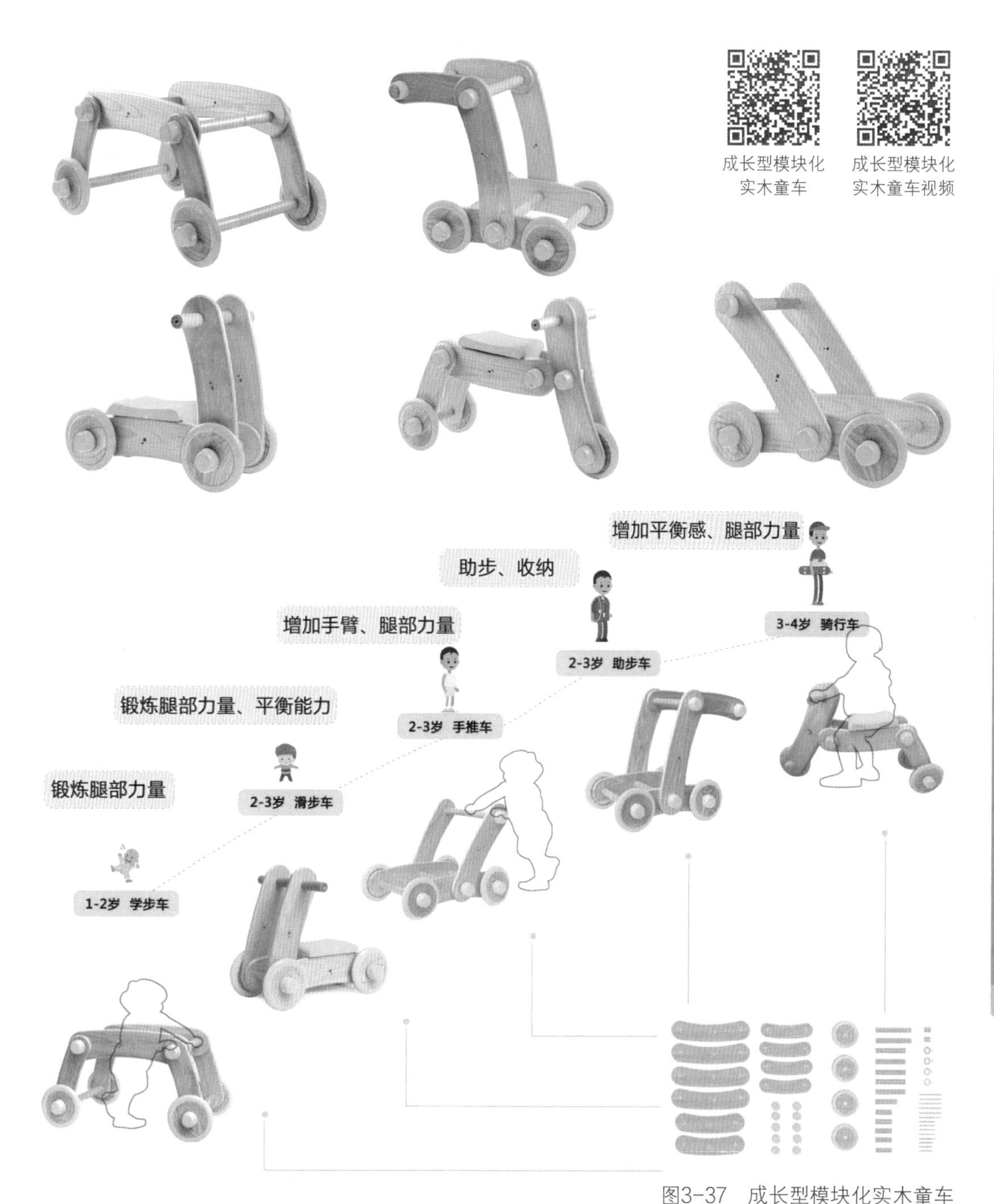

图3-37 成长型模块化实木童车

参考文献

[1] 吕清夫．造型原理．台北：雄狮图书股份有限公司，1984.

[2] 王受之．世界现代设计史．广州：新世纪出版社，1995.

[3] 陈苑，罗齐．产品结构与造型解析．杭州：西泠印社出版社，2006.

[4] 桂元龙，杨淳．产品形态设计．北京：北京理工大学出版社，2007.

[5] 伏波，白平．产品设计-功能与结构．北京：北京理工大学出版社，2008.

[6] [美] Dan Saffer．译者：陈军亮，陈媛媛，李敏．交互设计指南．北京：机械工业出版社，2010.

[7] 李亦文．产品设计原理．北京：化学工业出版社，2011.

[8] 王继成．产品设计中的人机工程学．北京：化学工业出版社，2011.

[9] 蔡江宇，王金玲．仿生设计研究．北京：中国建筑工业出版社，2013.

[10] 桂元龙，杨淳．产品设计．北京：中国轻工业出版社，2013.

[11] 洛可可创新设计学院．产品设计思维．北京：电子工业出版社，2016.

[12] [日] 佐藤大．佐藤大的设计减法．武汉：华中科技大学出版社，2016.

[13] 黄河．设计人类工效学．北京：清华大学出版社，2017.

[14] [美] Kevin N. Otto（凯文 · N · 奥托），Kristin L. Wood（克里斯汀 · L · 伍德）．齐春萍 等译．产品设计．北京：电子工业出版社，2017.

[15] 日本Nendo设计工作室．佐藤大：Nendo经典设计集．北京：中信出版社，2019.

[16] 王虹，沈杰，张展．产品设计．上海：上海人民美术出版社，2020.

参考网站链接

1. 红点设计奖　http://en.red-dot.org/
2. IF设计奖　https://ifworlddesignguide.com/
3. K-Design设计奖　http://kdesignaward.com
4. Good Design Award　https://www.g-mark.org
5. 京东　https://mall.jd.com
6. 百度百科　https://baike.baidu.com
7. 360百科　https://baike.so.com
8. 设计在线　http://www.dolcn.com
9. HAY　https://hay.dk
10. DROOG　https://www.droog.com/
11. PIY　https:// www.piy.fun
12. 橙舍家居旗舰店　https://chengshejiaju.tmall.com/
13. 猫王收音机　https:// www.radio1964.com
14. 马克 · 纽森　http://www.marc-newson.com/
15. 艾洛 · 阿尼奥　http://studio-eero-aarnio.com/
16. 深泽直人　http://naotofukasawa.com
17. 飞利浦 · 斯塔克官网　http://www.starck.com/
18. 迈克尔 · 杨　http://www.michael-young.com/
19. 凯瑞姆 · 瑞席　http://www.karimrashid.com/
20. 佐藤大　http://www.nendo.jp
21. 柴田文江　http://www.design-ss.com/
22. 喜多俊之　www.toshiyukikita.com
23. 王冠云　https://www.guanyundesign.com
24. 意大利阿莱西设计公司　http://www.alessi.it/
25. 纯米科技　http://www.chunmi.com
26. 特斯拉汽车　https://www.tesla.cn/
27. DYSON　https://www.dyson.cn
28. TAPOLE　https://www.tapole.cn/
29. APPLE　https://www.apple.com.cn
30. B&O　https://beoplay.cn/; https://www.bang-olufsen.com
31. PERMAFROST　https://permafrost.no/
32. 小猴工具　https://www.hoto.com.cn
33. 百度知道　https://zhidao.baidu.com/

后记

POSTSCRIPT

这次修订，与6年前编写第一个版本时最明显的不同，就是时间正好与“中国特色高水平产品艺术设计专业群”立项后的任务细化工作同步，时间依旧紧迫，不仅是换了一种形式，也少了西溪湿地的景致。所幸同期参与举国一致的抗击新冠肺炎行动，虽然气氛紧张，居家隔离在客观上又为修订工作提供了时间上的保障。现在中国打完了抗击疫情的上半场，而书稿的修订也接近尾声，可是一想起林家阳老师：“一定要保证质量，控制好时间进度”的嘱咐，感觉却轻松不起来。

近几年，通过组建中国特色高水平产品艺术设计专业群、制定国家职业教育产品艺术设计专业教学标准、建设精品资源共享课程，尤其是对高职艺术设计类专业“工学商一体化”人才培养模式改革的探索与实践，对产品艺术设计（工业设计）专业教育走产教融合发展，开展项目化教学，落实“三教改革”有了更深的体会。而作为一本通用教材，又必须兼顾国内不同院校所属区域和发展状态的差异，做到不失水准的灵活与适用。在设计程序部分保留了“概念设计、造型设计、工程设计”的三分法，是对设计系统性的强化；继续选择生活用品、儿童用品和IT产品三个项目来进行实训，是以模块化内容实现活页式教材的功能；将“东方麦田”的“奶爸爸冲奶机”实战示范案例进行完整而详细的呈现，是为了满足对相对发达地区真实项目深入了解与学生深度学习的需要。在第二章项目范例的实战程序部分，因为课时量的限制和教材在篇幅上的约束，就只有生活用品部分进行了展开，而在儿童用品和IT产品部分都进行从略处理，不免留下遗憾。

随着智能时代的步伐，增材制造、非物质产品的设计与落地方式，改变了传统产品设计的作业方式，摆脱了传统物质产品对生产和制造体系的依赖与约束，为产品设计拓展了无限的可能性，也为广大产品（工业）设计师开启了全新的窗口，值得去积极探索。

在本书的修订过程中得到了众多支持：很多国内有实力的设计机构和设计师不辞辛苦为本书提供优秀作品，其对中国工业设计教育的殷切深情，给了我们很大的鼓舞。在此特别鸣谢广东东方麦田工业设计股份有限公司的刘诗锋先生、田晓羽女士以及广州维博的黎坚满先生。由于时间仓促，篇幅有限，在设计机构、设计院校、设计师以及代表作的挑选方面肯定遗珠无数，深表歉意！希望在今后修订之时能进行增补。书中部分图片来源于网络，仅作为教育教学之用，未能一一联系，在此向作者致谢！因为学识所限，书中偏颇、错漏之处难免，还望各位专家、读者在海涵的同时不吝赐教！

编著者

2020年4月于广州